U0351901

THE MODEL OF NEW LUXURY REAL ESTATE

新豪宅典范

——解密豪宅大堂与公共空间

——DECIPHERING THE LOBBY AND PUBLIC SPACE OF LUXURY REAL ESTATE

HKASP | 先锋空间 主编

江苏凤凰科学技术出版社

图书在版编目（CIP）数据

新豪宅典范：解密豪宅大堂与公共空间/ HKASP|先锋空间主编.-- 南京：江苏凤凰科学技术出版社, 2015.4
ISBN 978-7-5537-4198-7

Ⅰ. ①新… Ⅱ. ①H… Ⅲ. ①住宅 - 室内装饰设计 - 图集 Ⅳ. ①TU241-64

中国版本图书馆CIP数据核字(2015)第048350号

新豪宅典范——解密豪宅大堂与公共空间

主　　编	HKASP｜先锋空间
责任编辑	刘屹立
特约编辑	林　溪
出版发行	凤凰出版传媒股份有限公司 江苏凤凰科学技术出版社
出版社地址	南京市湖南路1号A楼，邮编：210009
出版社网址	http://www.pspress.cn
总　经　销	天津凤凰空间文化传媒有限公司
总经销网址	http://www.ifengspace.cn
经　　销	全国新华书店
印　　刷	深圳市汇亿丰印刷科技有限公司
开　　本	889 mm×1 194 mm　1／8
印　　张	51.5
字　　数	288 000
版　　次	2015年4月第1版
印　　次	2015年4月第1次印刷
标准书号	ISBN　978-7-5537-4198-7
定　　价	998.00 元（精）

图书如有印装质量问题，可随时向销售部调换（电话：022-87893668）。

豪宅，来自完美细节的雕琢

我认为“豪宅”是一个大概念。豪宅所创造的是一种更高标准的环境品质。环境品质则由建筑设计、景观规划、室内设计三方面共同决定。整体包括看得见的上乘材料、特色鲜明的建筑物、别致的景观，从美化、绿化、亮化、山景、水景和可圈可点的人文景观，到配套的交通商业环境和周边的社区环境，同时还包括最佳的圈层组合、最周到的物业服务、最具个性的设计理念，以及是否坐落在最宜居的城市中。

在建筑设计方面，豪宅必须彰显高尚的设计品位，文化含量高，契合居住者的性格和喜好。无论是简约主义、新古典主义，还是简欧风、具有视觉震撼力的奢侈风，必须讲究精工，传达优雅、时尚、浪漫、低调、富有内涵且不同凡响的建筑特质；设计风格必须与众不同，拒绝随大流，沉淀深厚的文化内涵，追求高端的视觉艺术效果，使居住者能够以精致的生活方式尽情地享受生活。

在景观规划方面，我认为目前豪宅景观规划讲究实用主义的倾向越来越明显，很多专案更以个性化的产品品质来翻新“豪宅”的定义。追求低密度、特色景观、生态景观及别墅景观成为实用主义豪宅景观规划的重要标志。对豪宅而言，景观规划绝非“孤立”于室外，其更应该讲究室内外的景致融合与情感交流，进而营造轻松、愉悦的居住氛围。在完整地保护私密性的前提下，让业主充分享受拥抱大自然的乐趣。如何将室外景色引入室内，怎样使室内陈设成为室外景色的自然延伸，也已经成为景观规划相当重要的部分。

与此同时，景观规划不能只有风格，而没有生态意识。景观与建筑的结合需要有整体感，如何利用借镜、借景达到人与大自然的和谐以及实现室内外的交融，成为打造高品质豪宅的关键要素之一。

豪宅，对空间功能的要求自然比一般住宅更多、更高。优质的豪宅室内设计体现为物理品质与情感品质两方面。套型面积、空间尺度、产品标准及配套设施等方方面面决定了物理品质，其关键要素包括：室内温度、湿度、噪声处理、采光的舒适度等。如果物理品质不够完善，比如室内温度的调节还要完全依赖空调和暖气，居住者的生理感觉不舒服，空间不够宽敞，都不能被称为“豪宅”。情感品质则要求在功能新颖、内涵丰富的基础上，更重视私密性和舒适度，提供奢华的心理享受。比如，将家庭活动区与访客区隔离是目前豪宅设计的主流趋势；甚至在一些更苛刻、更讲究的设计中，客卧与主卧不会出现在同一个走廊上，以此充分满足居住者对私密性空间的要求。

没有完美的细节，就没有令人动容的质感；当细节与质感相交、相融时，豪宅不只是华丽出众，更是另一种低调的内敛。

豪宅好在哪里？我的答案：都在细节里。

天坊室内计划：张清平

INTERVIEW QING PING ZHANG

专访张清平

HKASP | 先锋空间：请您谈谈新的精英阶层文化动态对尊贵式豪宅设计的影响。

张清平：豪宅代表一定的尊贵身份，豪宅的公共区域可以说是一个半私密的活动空间。我认为，精英阶层文化动态对公共空间设计会产生一定的影响。

首先是尊贵。公共空间也是一个高贵的地方，代表出入使用者一定的档次，就像欧美百年历史的俱乐部一样，有会员限制规定。会员有一定的社会地位，是身份的象征。豪宅也是相同的精英阶层聚集之处，公共空间设计要体现优越感，讲究用料、选材，以奢华的空间氛围彰显尊贵的社会地位。

再者是独特。公共空间设计应该悉心剪裁，有个性、特色，给人留下深刻的印象。独特的设计能够产生独特的气质，这种与众不同、唯我独尊的感觉，往往能够增加项目的价值。独特的设计可以从多个方面来推敲：例如，有针对性地剪裁空间，利用独特的空间条件及其他环境要素，也可取材于历史、文化和艺术背景，同时考虑空间功能定位的需求；设计师可将创作元素表现于建筑造型、灯具及家具造型、色彩及材料利用、装修节点、摆设及挂画等，以此塑造独特的空间个性。

HKASP | 先锋空间：随着精英阶层生活方式的不断更新，尊贵式豪宅的公共配套设置会有怎样全新的发展趋势？

张清平：首先，回归自然化。随着环境保护意识的增长，人们向往自然，喝天然饮料，用自然材料，渴望住在天然、绿色的环境中。尊贵式豪宅的公共配套设置应该致力于营造舒适的空间氛围，强调自然色彩和天然材料的运用，采用许多艺术手法和风格。在此基础上，设计师应该不断地在回归大自然上下工夫，创造新的肌理效果，运用具体或抽象的设计手法，使人们联想大自然，感受大自然的清新与温馨。

其次，细腻民族化。如果设计只强调高度现代化，那么虽然生活品质提高了，但人们却感到失去了传统，失去了过去。因此，室内设计的发展趋势就是既讲现代又讲传统。许多新的环境设计人员致力于高度现代化与高度民族化相结合的设计体现。许多饭店及办公大楼的室内设计，传统风格浓重却非常新颖，设备、材质、工艺高度现代化，室内空间处理及装饰细节引人入胜，使人印象深刻、备受启发。特别是从建筑、室内装饰到食器等均进行配套设计。人们即使在很小的餐馆中用餐，也同样能感受到设计师的精心安排。因此，处处环境美，处处有设计，给人留下了深刻的印象。

再次，高度现代化、情感化。随着科学技术的发展，室内设计采用一切现代技术手段，达到声、光、色、形的最佳匹配效果，实现高速度、高效率、高功能，打造理想的、令人赞叹的空间环境。因此，现代服务设施被高度关注。室内设计应该更强调以人为主，以让业主满意、方便为目的。现代技术与情感相结合，既重视科技，又强调人情味。在艺术风格上追求频繁变化，新手法、新理论层出不穷，呈现五彩缤纷、不断探索创新的局面。

HKASP | 先锋空间：在豪宅公共空间设计方面，如何使空间的尊贵感和唯一性被精英阶层所认可和欣赏？

张清平：室内设计是一个整体性的概念，讲究室内外的连贯性。我认为，公共配套将越来越专门化，更加注重个人化，比较平实且有亲切感，讲究生活品位、灵静、身心修为。回家后，经常去的地方可能是公共配套空间。独特的建筑造型、合理的比例搭配是设计师执著追求的目标境界。设计应该是恒久的，也就是说在经过一段很长的岁月后仍然具有耐看的质感。大方舒服、风格优雅是永恒的追求，就像是家的延伸。

随着社会物质财富的日渐丰富，人们要求从物的堆积中解放出来，追求物的统一、和谐之美。正如法国启蒙思想家狄德罗所说：美与关系俱生、俱长、俱灭。室内设计是整体艺术，它应是空间、形体、色彩以及虚实关系的把握，意境创造的搭配以及与周围环境的关系协调，许多成功的室内设计实例都是艺术上强调整体统一的作品。

公共配套兼具公共建筑的公共功能，同时带有一定的私密性。处理这一类较为特殊的空间，设计师应具备整体风格的控制能力，同时还必须有巨细无遗的完整细节构思。设计师就像是艺术家，在展现个人才华和构思的同时，尽一切可能满足业主的意愿。空间处理手法是变化多样的，我认为，设计不能套公式。同一空间里存在不同的元素，它们相互影响，相互配合。"function follows form"，即先考虑实用，再研究造型。设计师必须找出这两者之间的平衡点，加以创造性地发挥，方能于协调中凸显尊贵并成就永恒的唯一。

HKASP | 先锋空间：精英阶层生活方式的转变对豪宅公共配套设置有何影响？

张清平：公共空间要更像是家的延伸，它不像酒店和餐厅，客人多数是陌生的，公共空间是朋友放松心境、经常往返消遣、享受生活的地方，所以它应该给人以亲切、舒适及和谐的感觉，建筑造型、色彩、灯光、家具搭配、装饰摆设等方面都必须做到平和、优雅，最重要的是舒适。好的设计应该历久常新，一直流传下去。公共空间更应该是令人流连忘返的地方，务必使光临的朋友有宾至如归的感觉，所以和谐非常重要。

INTERVIEW ALEX CHENG

专访程绍正韬

HKASP | 先锋空间：您的设计总是高贵、优雅的，带有一股悠远的灵气，处处透出古代文人的闲情雅致，请问您如何看待东方儒雅文化？

我对儒雅式设计及文化的理解与其说是一种天分，不如说是一番训练；与其说是一番训练，更不如说是一个喜好。

在我看来，设计要体现真正的中式理念，首先要对形成古人生命事理结构的因果关系有一定的理解。这也许就是一番古代中国文化生活的重新回溯，但回溯并非对历史的研读记诵，而是在当代现实中建构一个能够与古人思维相协调的生活机制，重新体验古人生活中的某些风雅。

HKASP | 先锋空间：请问您如何营造一种由里及外的东方儒雅人文式的空间氛围？

如果非常心仪东方儒雅文化，那就设法让自己时时沉浸于古人自然生活的分流中。你可以住在大山里读宋词、画水墨、阅金经，或者当一个现代中国文人，甚至当一个在大山里常常静默耕读的乡野村夫。当一种生活方式自然地形成时，与其相适应的思维结构也就形成了，最后内化成一番极具个性的行为风格。这就是环境决定论中所谓的“惯性”。儒雅式的生活方式、思维结构、行为风格，如此“惯性”地营造了儒雅式的空间氛围。

HKASP | 先锋空间：如何秉承中国传统文化，并将其自然地转译于设计中，这是当代设计师面临的一大挑战。作为设计界的前辈，请问您有何建议？

在当代，中式韵味的风格创建，特别是东方意境的营造，如果不是缘于东方自然生活方式的重建，而仅是中式传统符号的拼贴与重组，这就无疑是创作上的缘木求鱼！

历史上，美好的东方文化艺术都是创作者诚实地面对了真实的自己，并且真切地重建了大自然与生活的关系，那是人与大自然和谐共生的结果。可以说，古代创作者通过建立某种个性化的自然生活方式，重新构建了内外结构相对应的思辨关系，即辨证地思考人作为独立的客体与广大的环境母体之间的对应关系。从存在到创造，创作者无一例外地剖析了人在大自然中从对立到统一的过程。历史上，隐士也好，文人也好，工匠也好，个个都是杰出的大自然翻译家，他们将自己融入出世的自然山水生活和入世的现实生活中，无论是清新的自然山水还是纷繁的人间现实，最终都让生命的存在成为一种活生生的优雅，即大自然的一部分。这正是中华文化真正的核心价值。

HKASP | 先锋空间：在您看来，历史上最能体现中华文化核心价值的是哪一个朝代的文化？它对您的设计是否有着深远的影响？

崇尚“山水自然生活的优雅与优雅的人生自然山水”的传统中式生活方式，特别是宋代文化生活方式，成为当代设计师以中式韵味营造诗意空间的合理契机。我喜欢研究古人的设计风格，特别是宋代文人、画家与禅师，其“生活于自然”的体悟与实践以及艺文解读能力与修炼内化能力对我影响颇深，同时启发我在当代儒雅式空间风格营造方面形成了独特的方法论与认识论。

INTERVIEW TENG ZAHENG WANG

专访王腾正

HKASP | 先锋空间：在多元文化的冲击下，东方精英阶层的文化与西方文化渐趋融合，但精英阶层对中国传统文化依然有他们自己的坚守，在儒雅式豪宅的公共空间设计方面有哪些具体的体现？

王腾正：17 世纪后期至 18 世纪初，清朝康熙大帝与法国国王路易十四，各自引领东方文化与西方艺术。东西方文明第一次交会并迸发出绚丽的火花。东西方文明从过去的各自发展到当今的频繁交会，给设计师带来了极为丰富的灵感源泉，“东道西器”的设计理念由此而生。它提倡将东方思想与西方哲学予以融合，以东方思想为中心并结合西方理念，跳脱传统表象和形式主义，仔细考量空间之自然、艺术、人文、历史、生态等多方面的元素，收集相关资料并进行深度剖析，将感性的情感体验与理性的科学观察交织、融会于设计中。

“原 · 圆”——儒雅式豪宅的公共空间设计从空间之本质出发，用心体会，洞见人心，以人为本。传统中式江南园林、泼墨山水画、宫廷礼器、万里长城等，这些都是设计师擅长运用的、丰富多变的设计元素。如宏伟的万里长城，设计师不取其城堡般的象征语汇，而将长城之序列性与石材极具历史韵味的肌理，结合西方建筑的罗马柱、拱圈等，使东西方之美完美融合，转译于空间设计。这所谓“东道西器”，透过作品传达设计理念。

HKASP | 先锋空间：面对东西方精英阶层相对统一的生活和精神需求，请您谈谈如何使东西方文明在具体的设计中相辅相成并且如何保持每个项目的独特性？

王腾正：设计的本质来自人类文明的基础，创作者本身受到环境、生活、教育、文化的影响，结合个案之自然、艺术、人文、历史、生态等各方面的元素，进行数据解析，营造兼具“美学感性”与“科学理性”的独特空间。下面我列举几个典型的设计案例。

例 1：2014 年意大利建筑设计优秀奖，项目位于中国台北市淡水红树林，生态环境较为特殊，其以“水笔仔”为主轴，提出“Dance with Kandelia candel (L.) Druce（与水笔仔共舞）”的设计概念，将接待大厅漂浮于水面上，打造节能环保型生态建筑。例 2：2014 年美国 IDA 室内设计银奖，跳脱东方既定印象的图腾，将中国皇帝与皇后之故事融入设计，丰富、充实的故事情节使设计令人倍感亲切，彰显出设计师源源不绝的想象力。例 3：精联接待会馆以“大屯山的风”为设计理念，空间被群山环抱且面朝淡水河，将“风”融入设计，形态转译于空间，动态的风具体化于装置艺术，以木皮薄片表现如风般的动感，由三楼挑空区一路垂吊至一楼，贯穿整个空间，成为视觉焦点。

综观以上案例，设计师强调设计手法多元化，以“东道西器”为原则，在西式架构中融入东方元素，注重空间环境与人文、艺术、历史元素环环相扣，打造独具个性的空间设计。

INTERVIEW DWP

MS SARINRATH KAMOLRATANAPIBOON

专访 DWP

Ms Sarinrath Kamolratanapiboon

HKASP|先锋空间：通常来说，“当代风格”所维持的时间相对短暂，DWP 是如何在当下和未来让精英人士接受并爱上此类风格的公共住宅室内设计呢？如何让时尚的设计既富有当代风格特色，又极具永恒的魅力？使用怎样的技巧、概念和材料？

Ms Sarinrath Kamolratanapiboon：在 DWP，我们推崇时尚、简约、优雅的设计理念和方式。DWP 设计师试图以不太复杂的细节打造简单的室内空间，以便承包商可以完美呈现我们想要实现的技艺。这样就能确保高端的影响力，还可以拥有更高的耐磨性。这样的室内空间更容易保持，而且在其使用周期中都会呈现极佳的状态。当代风格的设计大多具有优美的外观，所以设计一些简单的风格元素让空间看起来拥有无限的魅力，增添几分优雅的气息。打造当代风格的时尚空间是非常富有挑战性的。极富个性的纹理、清晰的线条以及造型各异的家具成就了优雅的外观，然后在配饰或装饰元素（如：艺术品、地毯、枕头等）中大胆地添加一些色彩。所有元素结合在一起，形成了一个经得住时间考验的氛围温馨、整洁的时尚家居空间。

HKASP|先锋空间：DWP 一直崇尚时尚的国际设计文化。作为此领域的领先者，请分享一下你们在打造时尚的住宅公共空间室内设计方面的经验，该如何打造像世界闻名的品牌一样（如 Hermes、Versace、Armani）被社会精英人士争相追捧的奢华居所。

Ms Sarinrath Kamolratanapiboon：对 DWP 来说，这是我们极力想要达到的境界。我们努力让每个项目都拥有与众不同的特性，让我们的业主感受到他们的独一无二。我们的全球化经验和文化理念让我们受益良多。我们在全球许多国家都设有办公室，拥有文化背景多元并极富创意的员工。所以，我们才能跨区域协作，将各种知识和技术运用到空间设计中，打造契合业主需求的空间。我们的成果很大部分取决于业主的目标市场、地理位置和项目类型。每个设计要考虑的因素各有不同。这并不仅是室内设计的问题，更是真心为住户考虑、打造宜居环境的经验问题。

我们喜欢从建筑设计开始就对室内空间进行设计和规划。这样，我们才能打造出独一无二的功能空间，如大堂中庭、社交俱乐部、茶室、雪茄吧、品酒室和酒窖、商务中心、虚拟高尔夫球场、攀岩室、邮件收发室等。我们会为挑剔的业主打造时尚的宜居空间。而社会精英人士大都喜欢周游世界，所以我们会考虑他们的兴趣、生活习惯和最新潮流，并秉承可持续发展原则。

相对标准公寓大楼而言，时尚的住宅会设有更多的公共空间。这样，建筑的有效使用面积会有所下降，这是开发商乐于见到的。然而，是完全可以接受的，因为开发商可以通每平方米的高昂售价获得补偿。

打造宽大的空间也是非常重要的，这是们在建筑设计之初就开始规划空间设计原因。这就意味着我们可以对所有空间行量身定制，确保每个独特的功能空间拥有自己的特性，而公共空间则拥有更高效的动线和功能系统。所以，我们选的装饰、细节和家具都必须达到时尚酒的标准，这也是 DWP 在另一领域的经验之谈。

CONTENTS
目录

082

092

106

168

154

162

174

DIGNIFIED STYLE
尊贵式

196

182

208

240

246

252

218

228

234

278

270

260

288

292

ELEGANT STYLE
儒雅式

302

312

322

362

368

376

336

342

354

382

388

392

402

FASHIONABLE STYLE
时尚式

NOBLE, ELEGAN
EXCLUSIVE ENJ

T AND UNIQUE
OYMENT

高贵、优雅，
独一无二的
专属享受

PUBLIC FACILITIES FOR ORIENTAL EMPIRE

东方帝国公共空间

设计公司：大块设计 / 设计师：施佑霖 / 项目地址：中国台湾省台中市 / 项目面积：2 381 平方米 / 主要材料：建筑结构为 SS 纯钢骨结构，外墙采用预铸混凝土帷幕板墙（PCCW），8 楼以下均为石材，此外还运用中空隔音楼板、日本 YKK 气密窗、Low-E 玻璃 / 摄影师：刘俊杰

一进入前厅大门，高达 7 米的琉璃画作给人以强烈的视觉震撼。只见一轮“残缺的”明黄之月映射在铜版雕刻的大理石上，湛蓝的星空拱着明月，周边耸立着线条雕刻的梁柱，如条条丝带般盘旋的金箔嵌入天花板，晶莹剔透的水晶玻璃灯高高地悬吊下来，各种装饰元素相互呼应、相得益彰。

本案在室内设计方面颇为精彩，而天花板吊顶的设计尤为出众。驻足演奏厅，可以想象乐音萦绕在 7 米高的空间里，金箔丝带同时有序地盘旋，牵引着悬吊的水晶琉璃灯，像多位芭蕾舞者立地旋转，瞬间演绎出一段精致、纤巧的梦幻之舞；辗转地来到顶楼会馆，从天花板洒下数以千计中空透明的亚克力圆管，各个闪烁着 LED 灯光，变幻莫测，色彩丰饶，绚烂无比。

豪宅档案

1. **区位优势**：贯穿台中市内六个区域，交通便捷，拥有优越的联外交通网路。与此同时，坐拥新光三越、老虎城、远东百货及家乐福等商圈，拥有完善的大社区配套设施，业主可尽情地享受悠闲的休憩时光
2. **总价**：6 250~6 488 万元
3. **开发商**：总太建设
4. **建筑形式**：会馆式豪宅
5. **建筑特征**：Art Deco 装饰艺术外观
6. **绿化率**：35%
7. **景观特点**：私人宫廷花园、中庭花园、空中花园、休闲步道、艺术水池、2 楼及顶楼 3 300 平方米的休闲会馆、1 155 平方米的大型景观花园
8. **配套资源**：内部配套包括接待大厅休闲步道、游泳池、会议室等，休闲配套包括水疗中心、烤箱蒸气室、电影院、露天咖啡座、KTV、阅览室、健身房、高级酒吧等，同时还有学校、医院等教育医疗资源

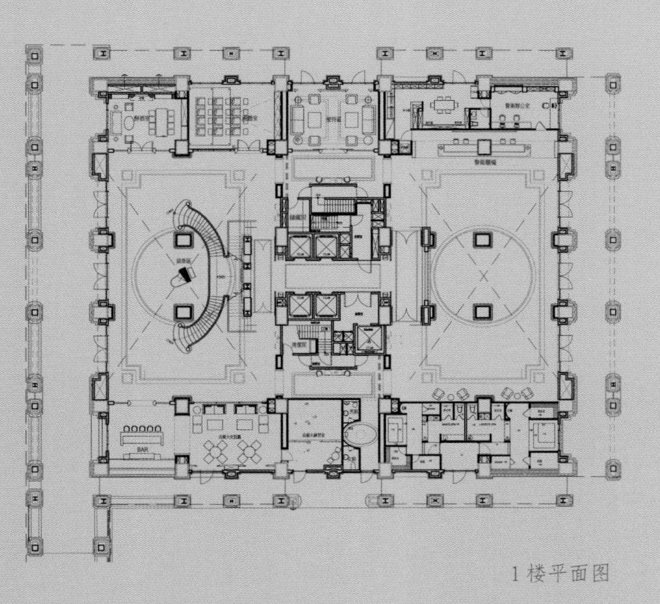

1 楼平面图

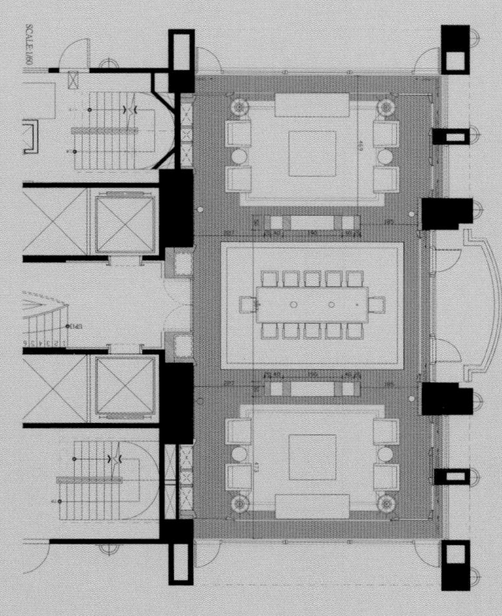

38 楼平面图

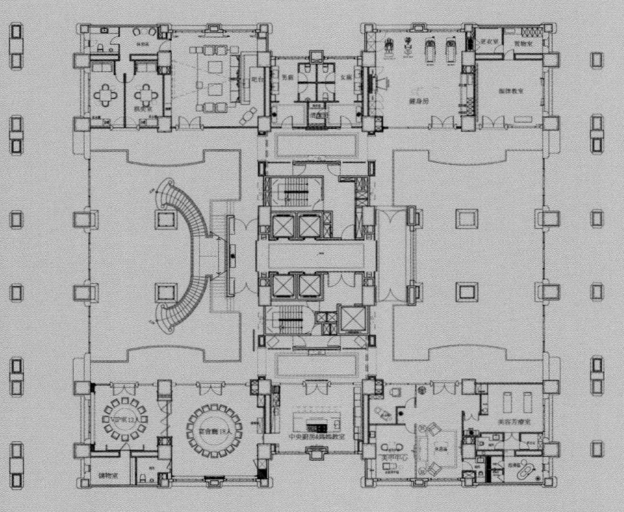

2 楼平面图

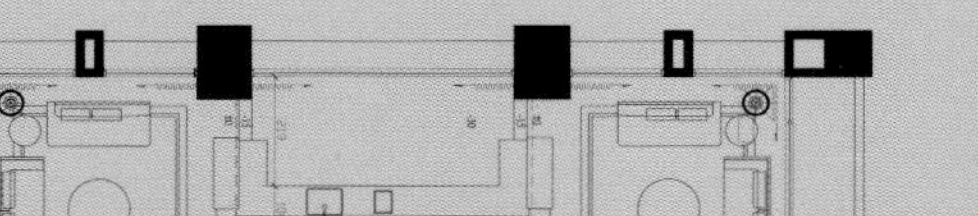

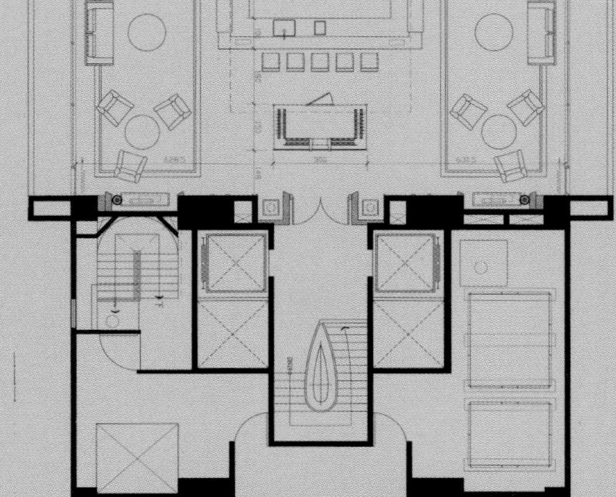

39 楼平面图

设计说明

东西文化互放绚烂之光

由大块设计总监施佑霖所设计的东方帝国公共空间，包含楼前后大厅、梯厅、钢琴室、醇酒室、联谊会馆、迎宾区、泳池、水疗馆、数位挥杆室、皇家剧院、B1 停车场，二楼则有韵律瑜伽室、健身房、棋艺室、东方宴会厅、东方御宴厅、厨艺中心、时尚造型室、美甲中心、纾压芳疗室、棋艺室、KTV 声动室、38 楼的阅览室和 39 楼的尊爵会馆。每个空间洋溢着不同的气息，东西方风格互为动静的交叠，流畅的动线揭示了空间的暗密与开敞，各种灯光围塑起明暗层次鲜明的空间轮廓，而材质的触感也恰如其分地成为孕育空间的推手。

联谊会馆吧台 • 停驻之后

初入会馆，金属铜件与雾面玻璃之墙向两边展开，琥珀色的透光石片如巨河流动般向人诠释“海纳百川”——涌进涌退的水滴，可以在一夜之间翻覆成大江大海。吧台柱体延伸至透光石片，铜条拉出了线性的视觉走向，斜切面曲折、蜿蜒，绛红色的特殊石面量体沉稳、厚实，正可以稳住长桌面的恢宏气势。水晶灯流泻而下，如江海旁的瀑布，波光粼粼，无尽闪耀。

floor & wall coverings
floor & wall coverings
The Hotel Book

The Hotel Book
CITY EMBELLISHMENT BARCELONA
Restaurant & Bar Design

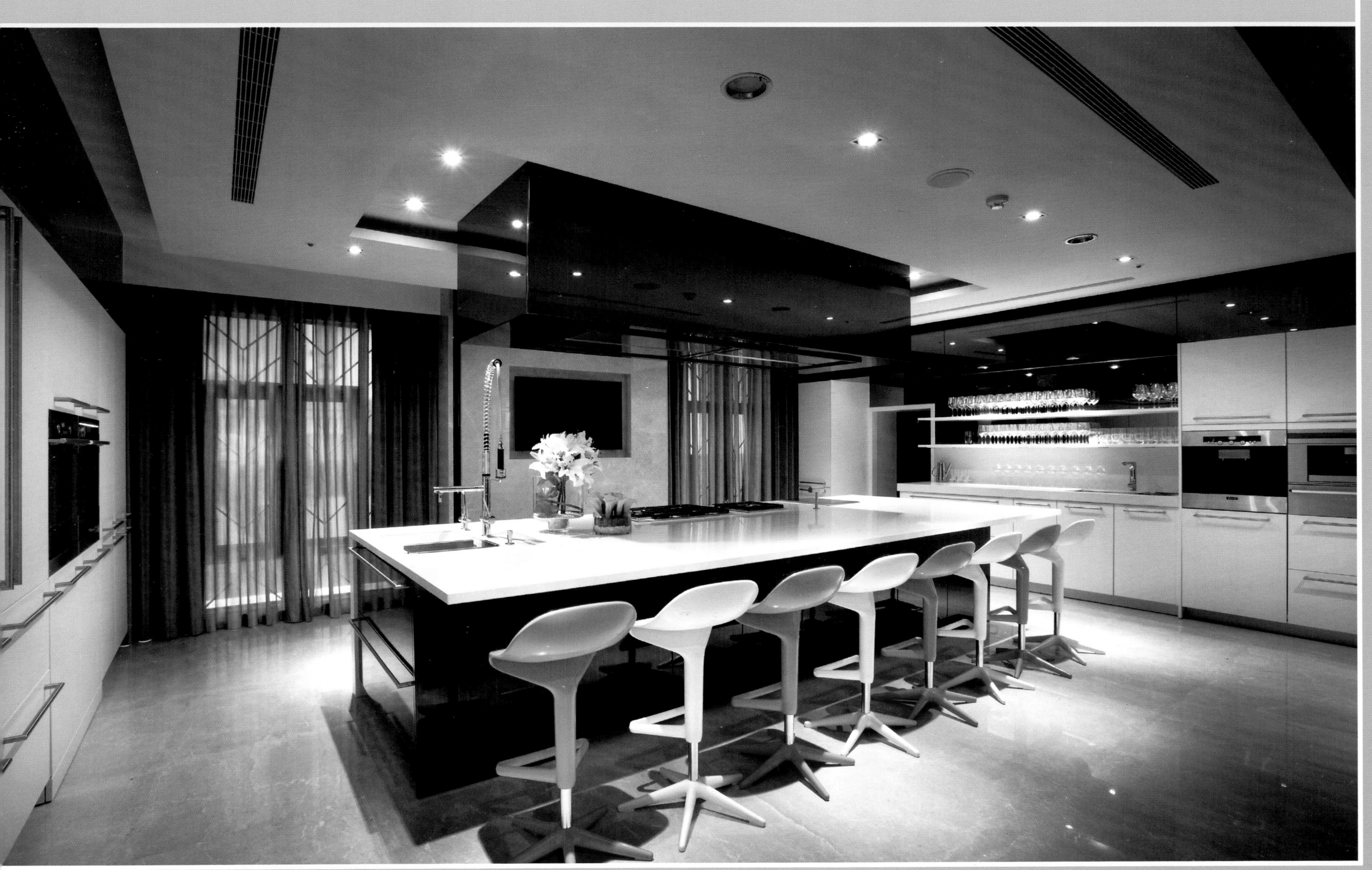

City Hotels

PUBLIC FACILITIES FOR DU XIU

独秀公共空间

设计公司：天坊室内计划 / 设计师：张清平 / 项目地址：中国台湾省台中市 / 项目面积：1 087 平方米

主要材料：石材、钛金板、不锈钢、灰镜、茶镜、贝壳板、金箔、黑檀木、古典檀木

一进入挑高的大堂，门厅上精致的雕刻将欧式风格的典雅之美彰显到极致，而大堂正中风车状的天花板悬吊着瀑布状的水晶灯，给人以高贵优雅、浪漫尊贵之感。本案以每一处精致的细节诠释空间的质感并展现一种全新的生活方式和积极的生活态度。走在用大理石铺就的走廊里，一幅亮丽的琉璃画作让人眼前一亮，如同在黄色的水彩上泼墨，自然地晕开黑色的纹理，搭配高耸的罗马柱，营造出庄重、优雅的空间氛围。而水疗会所以及宴会厅的墙面皆以富有诗意的花鸟图案作为精致的装饰，内涵丰富且意境深远。

豪宅档案

1. **区位优势**: 地处台中市七期特区内的烫金地段，紧临新光三越及远东双大百货公司，南面毗邻绿园道
2. **总价**: 8 998 万元
3. **建筑特征**: 外观为全石材的新古典主义风格，在 34 层楼高的长型建筑上层，以靛蓝的灯光象征古代欧洲皇室后冠上的宝石，洋溢着典雅的贵族气息
4. **容积率**: 5.93
5. **户型面积**: 330~460 平方米
6. **景观特点**: 带有中庭花园，紧临潮阳河，可远眺大肚山日落，拥有绝佳的景观视野
7. **配套资源**: 提供多样化的社区公共设施，包括接待大厅、水疗会所、泳池、俱乐部、KTV 室、阅览室、视听室、会议室、交谊厅、健身房、国际宴会厅、艺术水池等，紧临大都会歌剧院

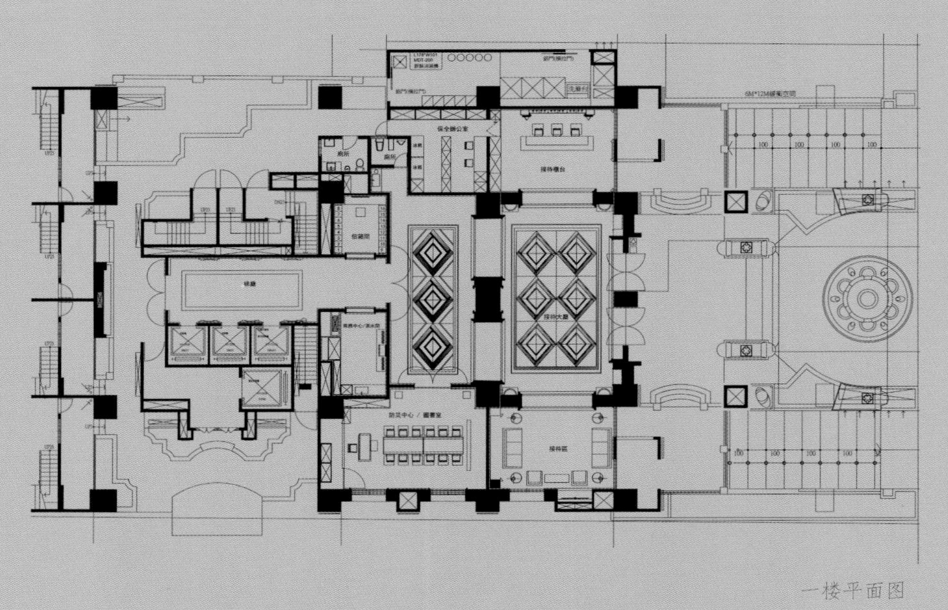

一楼平面图

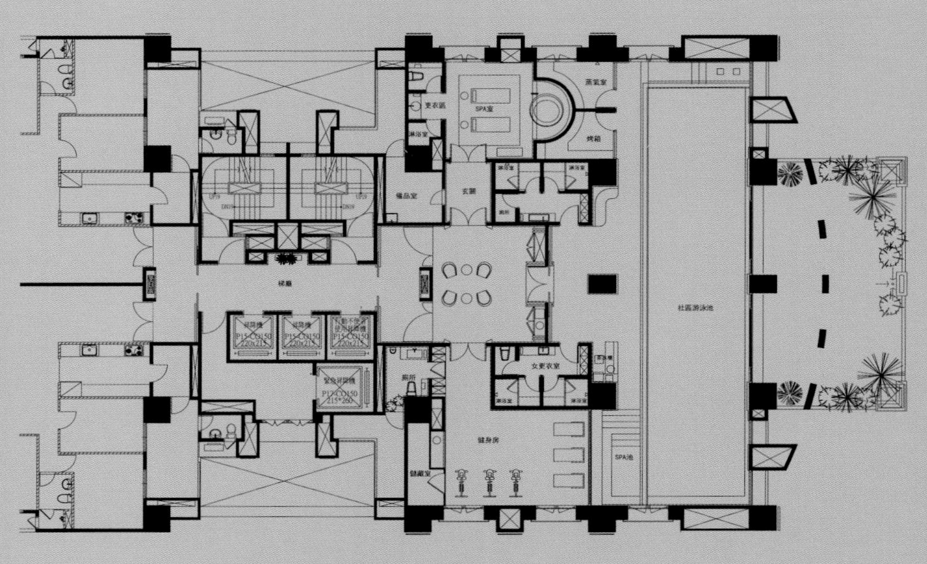

三楼平面图

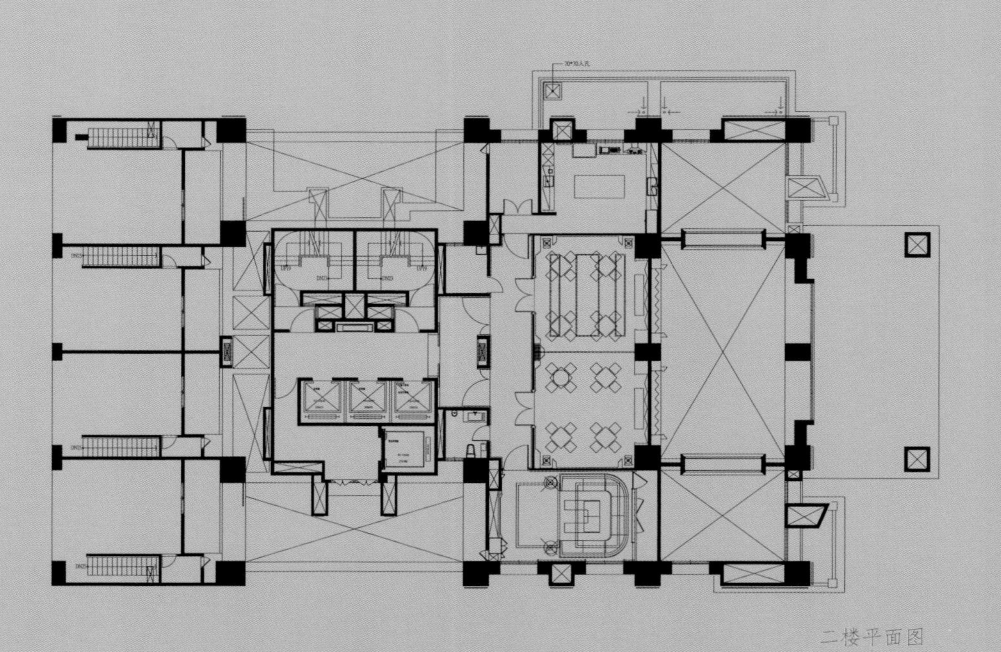

二楼平面图

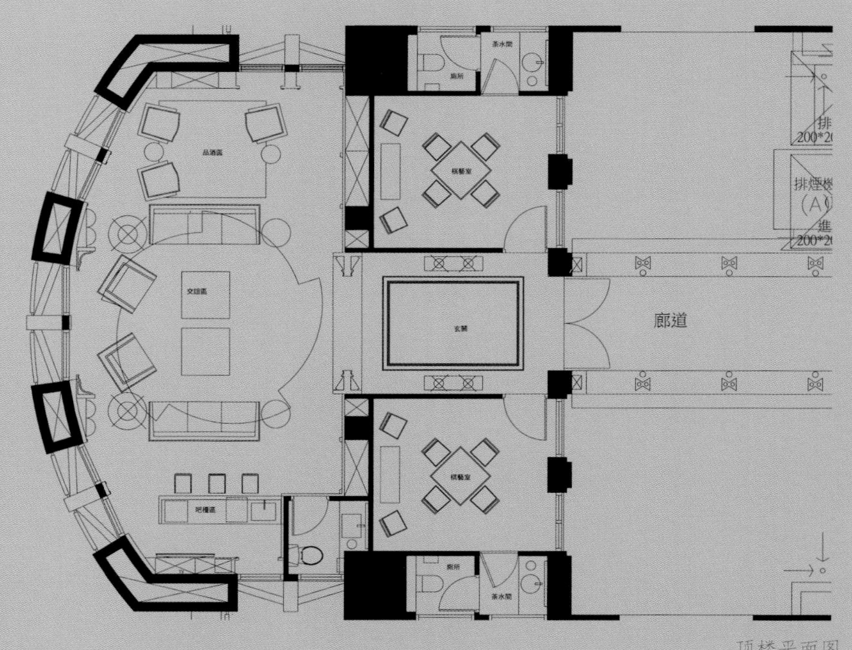

顶楼平面图

设计说明

慰藉灵魂的精神场所

穿过大堂，进入门厅和电梯厅，通过这一系列的空间铺陈，使用者能够实现向优雅的家居生活的过渡与转换。追求生活品位的人士，经过空间的渲染，可以深切地感受到一种全新的生活方式的浪漫和惬意。油然而生的舒适感，是一种梦幻中曾经出现过千万次的归宿，就像建筑大师安藤忠雄所言:住宅，终归是一个可以慰藉灵魂的精神场所。

好的设计能够带来重要的心理暗示：一种高尚品质的共鸣，给人以生活感受上的优越感，给人以地位阶层上的尊贵感。大堂的设计更是如此。空间规划特别提倡高尚、优雅的生活，从步入公共大堂开始，精致的设计、尊贵典雅的风格、丰富的功能，让使用者获得更高品质的生活享受。

挑高的大堂将欧式风格的典雅精髓以雕刻艺术融入空间之中。水疗会所、康体中心的空间格局十分丰富，配以精致的建材，营造了流畅、舒缓的空间质感。葡萄酒会所、雪茄会所、宴会厅，尊贵而典雅，沙发座位上有几位客人正在气定神闲地喝茶聊天，衣着讲究的服务生站在不远处时刻保持微笑。这场景很像在五星级酒店里，不同的是，没有人来人往的嘈杂，一切井然有序。

设计的终极目的，是与生活产生共鸣，以每一处精致的细节关怀使用者，使其感受到风格与无与伦比的使用体验，展现一种全新的生活方式和生活态度。

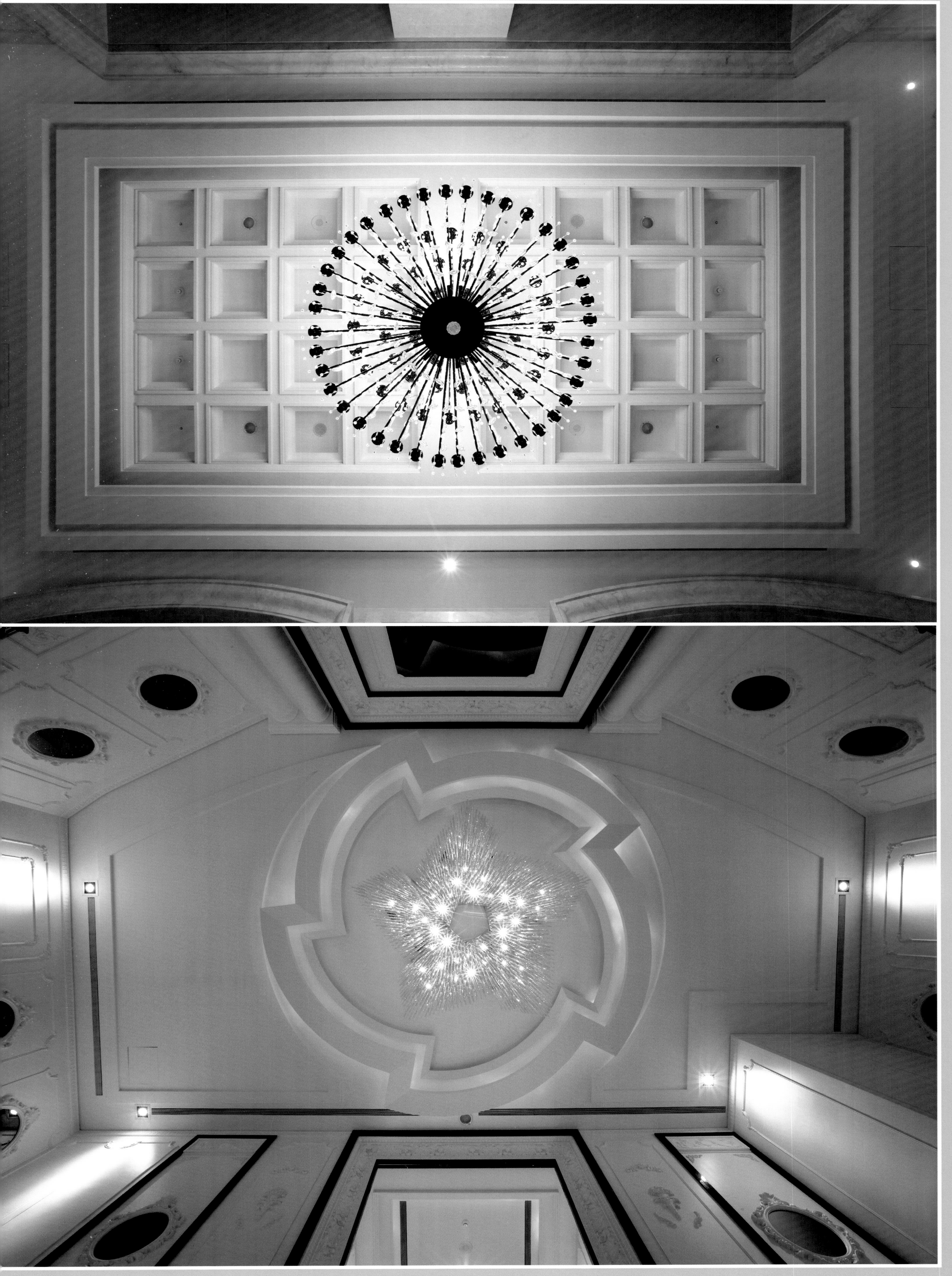

33F-1

PUBLIC FACILITIES FOR WINDSOR CASTLE

温莎堡公共空间

设计公司 ：天坊室内计划 / 设计师 ：张清平 / 项目地址 ：中国台湾省高雄市 / 项目面积 ：3 947 平方米
主要材料 ：米黄石、茶镜、黑镜、金银箔、橡木、沙比利木皮、花岗岩

本案建筑采用法式廊柱和欧式风格的造型，奢华、优雅，如同城堡。“城堡”独特的观景阳台，好像一件艺术品，精致的巴洛克雕花栏杆搭配弧形的观景窗口，站在此处，城市的夜景嫣然成为这件艺术品的一部分。

庭院中，米白色的罗马柱围绕着湛蓝的户外泳池，精致的雕塑彰显出古典艺术的雍容典雅，营造了一个梦幻般的童话世界。

室内空间布局突出轴线的对称，气势恢宏、奢华精致。而最令我印象深刻的是会馆呈放射状的天花板吊顶，它展现了 17 世纪西方装饰艺术的特点，富有艺术感，具有强烈的视觉冲击力。

豪宅档案

1. **区位优势**: 地处台湾三大精华地段之一，亦是投资商到高雄投资之首选标的
2. **单价**: 19 394 元 / 平方米
3. **开发商**: 兴富发建设
4. **建筑特征**: 全栋巴洛克式建筑，坐北朝南
5. **景观特点**: 以手工打造的飞天翼狮镇守王者城池，质地精美、数量宏大，宛若游走于被肖像、动物雕塑包围的凡尔赛宫中，以登峰造极的艺术彰显王者品位的世界观
6. **配套资源**: 森林公园、R13 捷运站、高雄火车站、明华中学、龙华小学

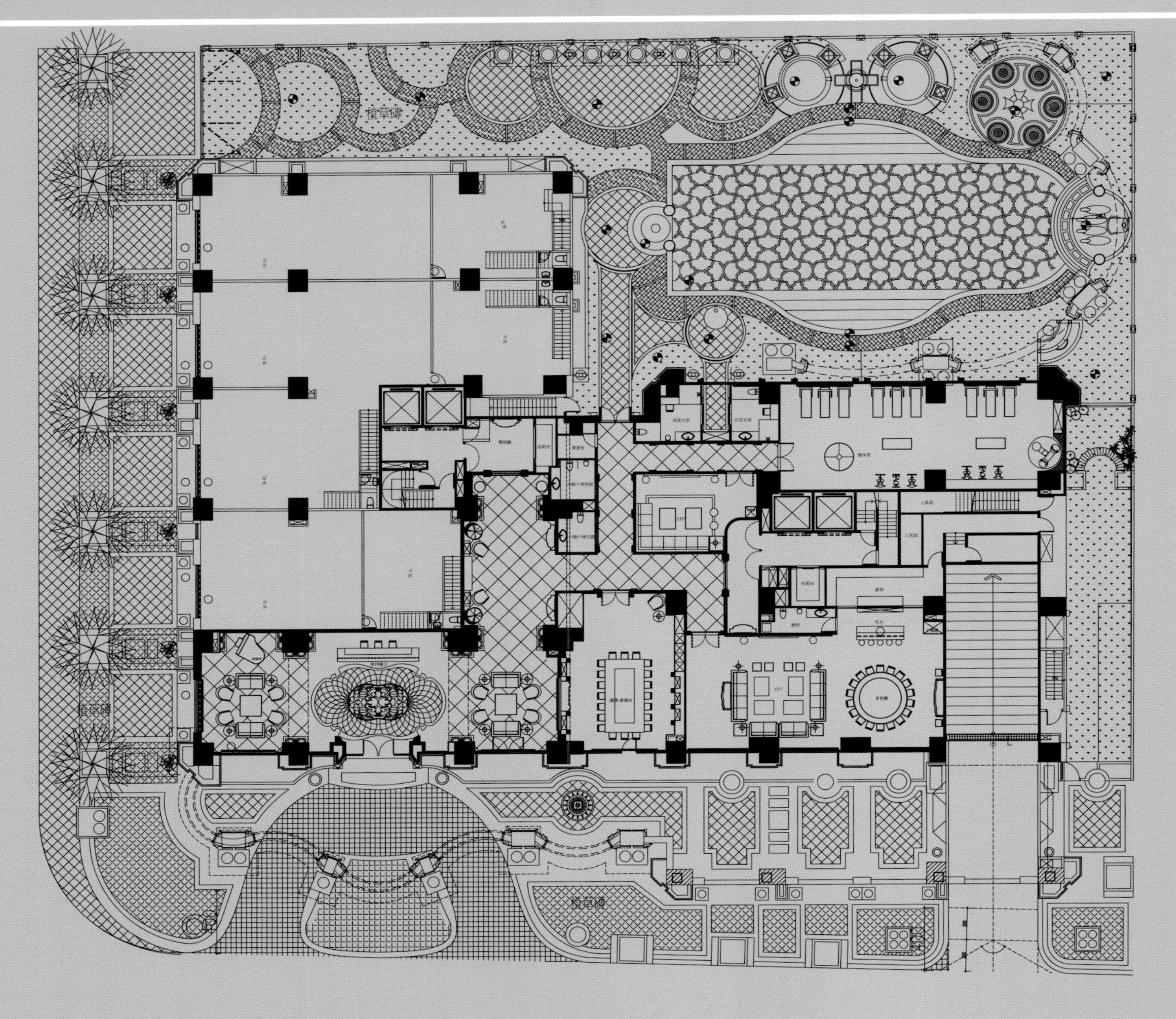

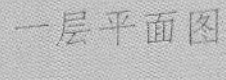

一层平面图

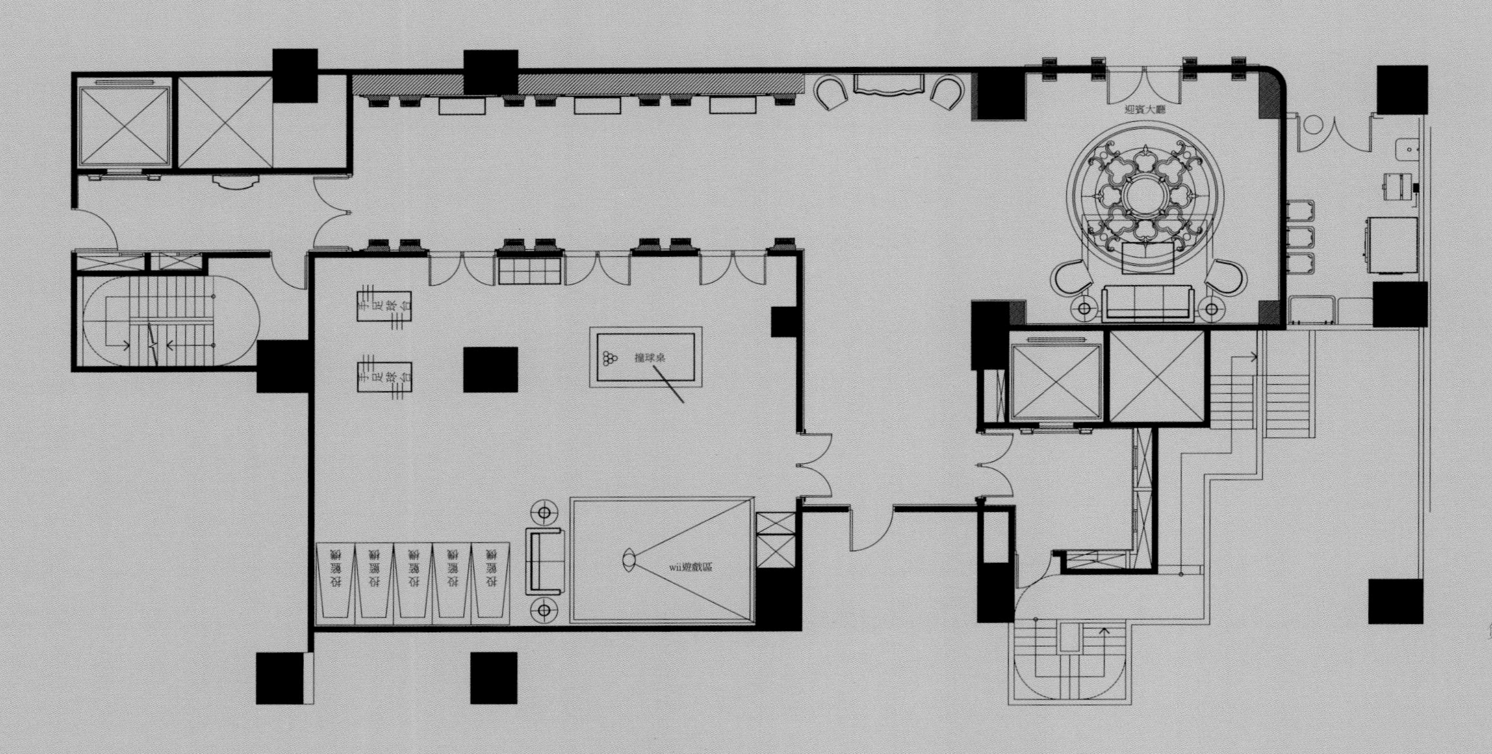

负一层平面图

A栋一层平面图

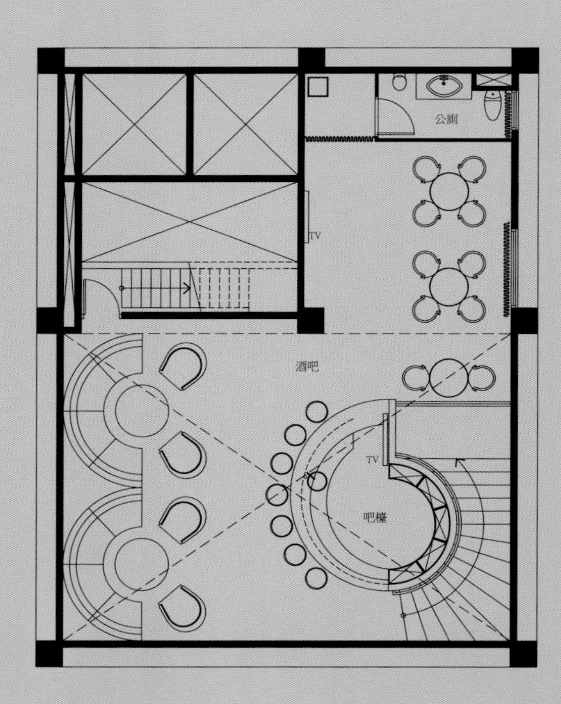

A栋二层平面图

设计说明

本案以一种自在、新贵的态度来贯穿使用者与空间的关系，一抹金色的连贯动向中，铺陈真实而高贵的幸福感，展现纯粹的贵族世界。空间布局突出轴线的对称、恢宏的气势、豪华舒适的空间陈设。细节处理方面运用法式廊柱、雕花、线条。宴会厅秉持典型的法式风格原则，雕花、真丝提花面料，搭配扶手和弧形曲度的椅腿，优雅而矜贵。在窗帘、水晶的映衬下，浪漫的艺术气息扑面而来，宁静、和谐、大方，弥漫着自然主义的复古情调，尽显贵族气质。

细腻的艺术设想勾勒出使用者的情感回忆，意犹未尽，让人享受。

B1
R

17

Spectrum
SP-300

PUBLIC FACILITIES FOR NEW NORTH COUNTY

新北郡公共空间

设计公司：采韵室内设计有限公司 / 设计师：吴金凤、范志圣 / 项目地址：中国台湾省新北县 / 项目面积：2 150 平方米
主要材料：龙舌兰大理石、铁件、木皮、皮革、玻璃、木地板 / 摄影师：齐柏林

大堂对称的中庭柱给人以强烈的仪式感，层层叠叠的水晶灯瀑渲染出大气、恢宏的空间氛围，大幅的欧式落地窗将户外的绿色林木引入室内，成为优雅大堂中一抹亮丽的色彩。

“不单调、有新意”始终贯穿本案设计。大堂天花板与地面的纹理相互呼应、和谐相融，体现了设计师高超的技艺；客厅的马赛克石从地面攀缘至墙面，增强了空间立体感，配以“竹片”形的天花板吊顶，极富设计感。

豪宅档案

1. **区位优势**：居都市中心、亲森林、拥绿海，拥有城市美学最动人的风景线。此外，紧临机场捷运线，桃园机场、松山机场也近在咫尺，具有明显的区位优势
2. **单价**：19 987 元 / 平方米
3. **开发商**：益骐建设股份有限公司
4. **建筑形式**：电梯住宅大楼
5. **建筑特征**：格局开阔
6. **绿化率**：60%
7. **户型面积**：165~247.5 平方米
8. **景观特点**：2 409 平方米的地景中庭、7.8 米的岗石帝座、环绕公园四周的绿地
9. **配套资源**：1 155 平方米的尊荣会馆、1 782 平方米的全龄公共空间、高尔夫球场、五杨高架高速公路，临近第三运动中心和新北影视城

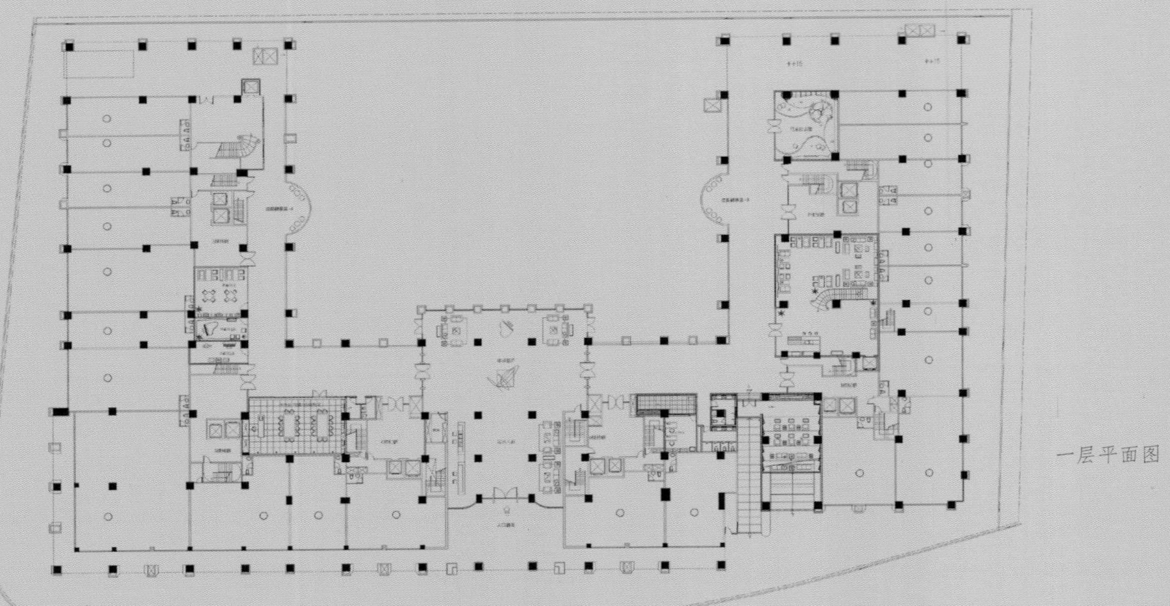

一层平面图

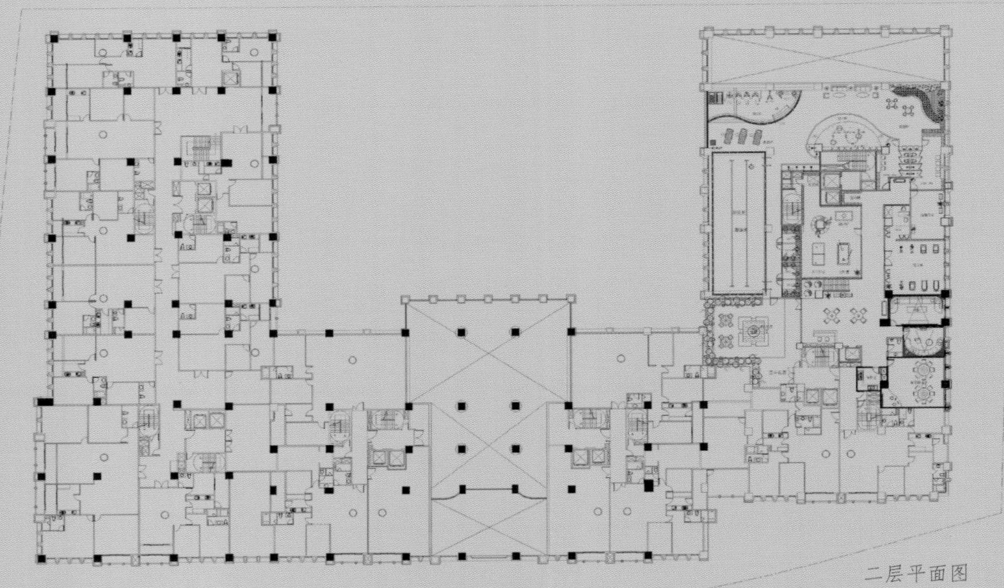

二层平面图

设计说明

奢华是细腻的风格描写加上丰富的空间功能，因而让空间不再只是单纯的空间，而更成为内行人知道的好地方，在其中体验一种有意义的生活方式。

TS61

Relax

PUBLIC FACILITIES FOR NEW DUBAI

新杜拜公共空间

设计公司：天坊室内计划 / 设计师：张清平 / 项目地址：中国台湾省台中市 / 项目面积：3 504平方米
主要材料：大理石、烤漆玻璃、铁件、进口镀金马赛克、定制主灯、红木

本案在室内设计方面巧妙地运用线条，打造与众不同的时尚空间，给人以强烈的视觉冲击和心理共鸣。一入大厅，映衬着豪华吊灯的大理石地板与四面锃亮的大理石墙面相互呼应，极尽梦幻且富有质感。会客厅黑白相间的线条穿梭于地板、墙面和天花板之上，仿佛飘舞的黑白绸缎，拂去人们内心的浮躁；透明的落地窗以轻纱布幔窗帘遮掩，给简约、时尚的开放空间增添了几分优雅和温婉。洽谈区及健身房的墙面皆以大幅的落地窗装饰，在将户外水景引入室内的同时营造了宽敞、开阔的空间效果。

豪宅档案

1. **区位优势**：坐落于中科T W C　MALL商圈国安一路，是该商圈最美的公共空间之一，具有完善的生活功能。紧临繁华的商圈，生活舒适、方便
2. **开发商**：富宇建设
3. **规模**：5 454.9平方米
4. **建筑特点**：全栋为FTTB光纤大楼，采用车牌辨识系统、虹膜辨识系统，配备晶片开锁、高效节能灯等豪宅特有的顶级建材
5. **容积率**：4.2
6. **景观特点**：3 630平方米的中庭
7. **配套资源**：各区有独立的公共设施，如室内游泳池、电影院、健身房等，一楼全部规划为公共空间，双会馆设计

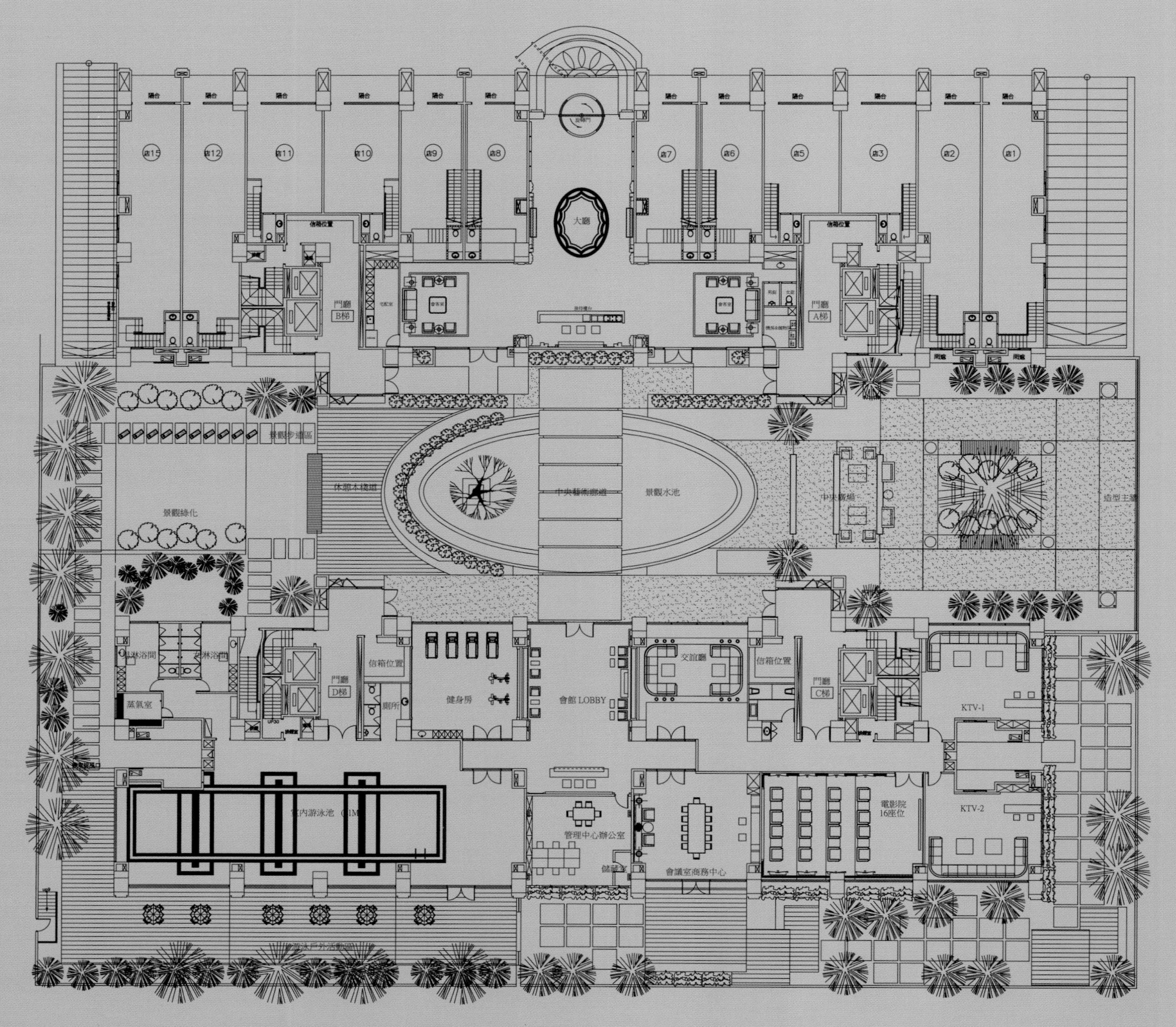

首层平面图

设计说明

本案尽显洗练、高雅、时尚、精致的室内风格特色。这样的风格诠释是时尚与品位的最佳融合，那感觉就像是人生与事业的成就达到一定的高度之后，早已将品位凝练为直觉，从生活的细节需要、格局的规划、材料的选定到色彩的运用，不见刻意的痕迹，都是信手拈来的自然，无一不是精品，空间处处协调、融洽。

设计师特意通过材质的纹理与色彩为大堂打造独特的外观，结合细腻、精致的做工，展现洗练、精致的室内特质，夺人眼目。会客室以线条呈现出跃动且明快的气质，层次丰富的色彩营造了高雅的空间氛围，这不仅与建筑的主体格局及气势相呼应，同时，一眼即识的风格特色成为建筑格印，极具质感的定制家具也令人赞叹，带给人一种梦寐以求的情感共鸣。

PUBLIC FACILITIES FOR HERION MANSION

赫里翁公共空间

设计公司：天坊室内计划 / 设计师：张清平 / 项目地址：中国台湾省台中市 / 项目面积：1 600平方米
主要材料：茶玻、茶镜、黑镜、玻璃纤维强化石膏板、石膏合成塑型、不锈钢、雪花石

本案罗马柱的运用为建筑增添了神圣而庄重的神秘感。椭圆形门厅和廊柱上繁复、有序的图案，渲染出欧洲古典艺术之美。
入口大门巴洛克风格的奢华，门厅、大堂入口以及走廊对称的罗马柱展现了古典艺术的庄重与力量，搭配奢华、时尚的水晶饰品，尽显大气与尊贵。
本案最具代表性的是健身中心的个性化设计。为了营造犹如“置身林中”的感觉，健身中心的主墙面以“水墨竹画”为背景，力求为业主提供一个悠闲、轻松的休闲环境。

豪宅档案

1. **区位优势**：位于台中市的尊贵地段，交通便利，绝佳河景，文化气息浓厚，亦享受繁华的夜市生活
2. **开发商**：兴富发建设
3. **建筑形式**：高层住宅
4. **建筑特征**：巴洛克风格，花岗岩石基座精工雕塑，艺术手工壁饰，立体弧状拱门。门厅面宽40米，挑高7米，外回车道上方的拱门以神兽石雕装饰，外围200米长的回廊，罗列成排高9米的罗马列柱，气势宏伟
5. **景观特点**：一楼规划有长20米的双圆弧泳池，周围拱柱、石雕环绕，宛如置身于欧式庭院中
6. **配套资源**：内部配套包括公共空间中欧洲宫廷风格的水晶灯、大理石雕像等装饰物，富丽堂皇的264平方米的罗马公共浴池，每个浴池为直径4米的圆形澡堂，另有雪茄馆、接待大厅等；周边配套包括百货商圈、新市政中心、大都会歌剧院等

设计说明

本案以欧式古典风格为主轴，讲究心灵的自然回归，洋溢着浓郁的古典气息。设计师对整体风格进行严格把握且在细节雕琢上下工夫。立面色彩典雅、清新。布局突出轴线的对称和恢宏的气势。宫廷大厅里，华美的欧式古典装饰物如梦似幻且功能实用，极具强烈的视觉美感，将现代与古典在空间中进行完美融合。

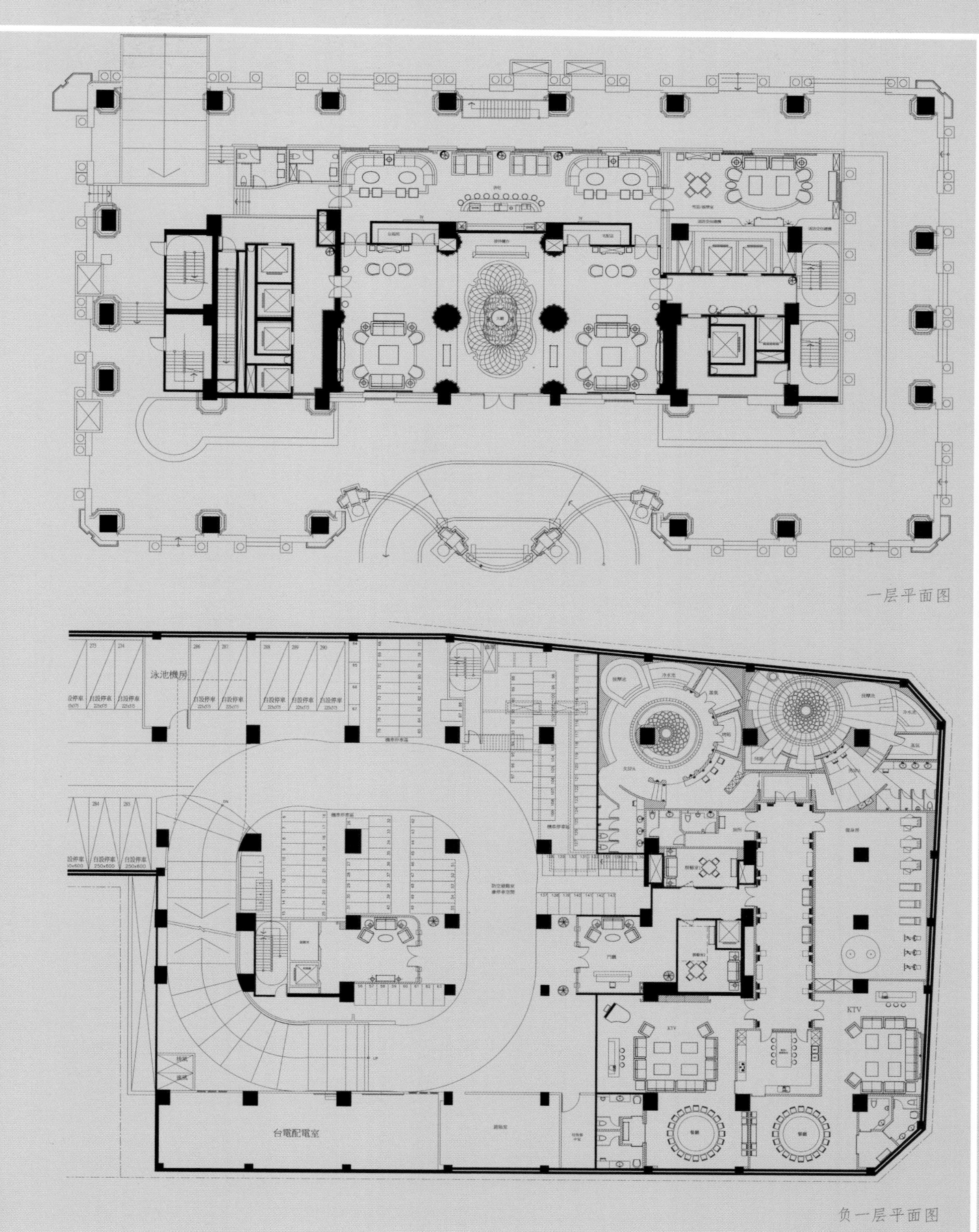

一层平面图

负一层平面图

PUBLIC FACILITIES FOR DIJING YUAN

帝景苑公共空间

设计公司：天坊室内计划 / 设计师：张清平 / 项目地址：中国台湾省高雄市 / 项目面积：1 024 平方米
主要材料：大理石、透光石、赛丽石、马赛克、黑檀木、橡木、银箔、马来漆、镀钛、锈镜
摄影师：刘俊杰

大堂电梯入口处金色的水晶吊灯与地面纹理交相辉映，奢华、大气，电梯以精雕细琢的罗马柱装饰，凸显空间的高贵气质。而电梯外立面以锈镜装饰，不仅延展了视觉空间，而且富有艺术美感，成为点缀华丽空间的一件艺术品。

大气的客厅墙面上错落有致的“荷叶”给空间增添了勃勃生机，配以绿植盆栽和娇媚的红梅，使空间充满生活气息，同时富有艺术美感。

餐厅的天花板以镜面装饰，倒映着餐桌和如蜡烛般整齐排列的吊灯以及富有古典气息的壁柜，使空间倍感华丽。而墙壁上鲜艳的水彩画给华丽的空间增添了一抹亮色，使空间华贵而不失活泼，可谓点睛之笔。

豪宅档案

1. **区位优势**：坐拥便利的生活圈，可远眺寿山及高雄港、前后驿站，将港都风光尽收眼底
2. **总价**：1 798 万元
3. **开发商**：兴富发建设
4. **建筑形式**：高层住宅
5. **建筑特征**：外观采用时尚的 Art Deco 装饰艺术装置，一楼采用挑高 7 米的气派门厅、梯厅
6. **户型面积**：265~580 平方米
7. **景观特点**：顶楼设有无边际泳池、水疗按摩池、健身房、棋艺室
8. **配套资源**：内部配套包括宛如沙发吧的大型接待室、多功能会议室、宴会厅、游戏室，配有全栋软水系统，提供贴心的宅配保鲜柜服务；周边配套包括私立民族幼稚园、阳明小学、私立立志高中、高雄应用科技大学以及 7-ELEVEN 便利店、南北楼餐厅、第一商业银行等教育生活资源

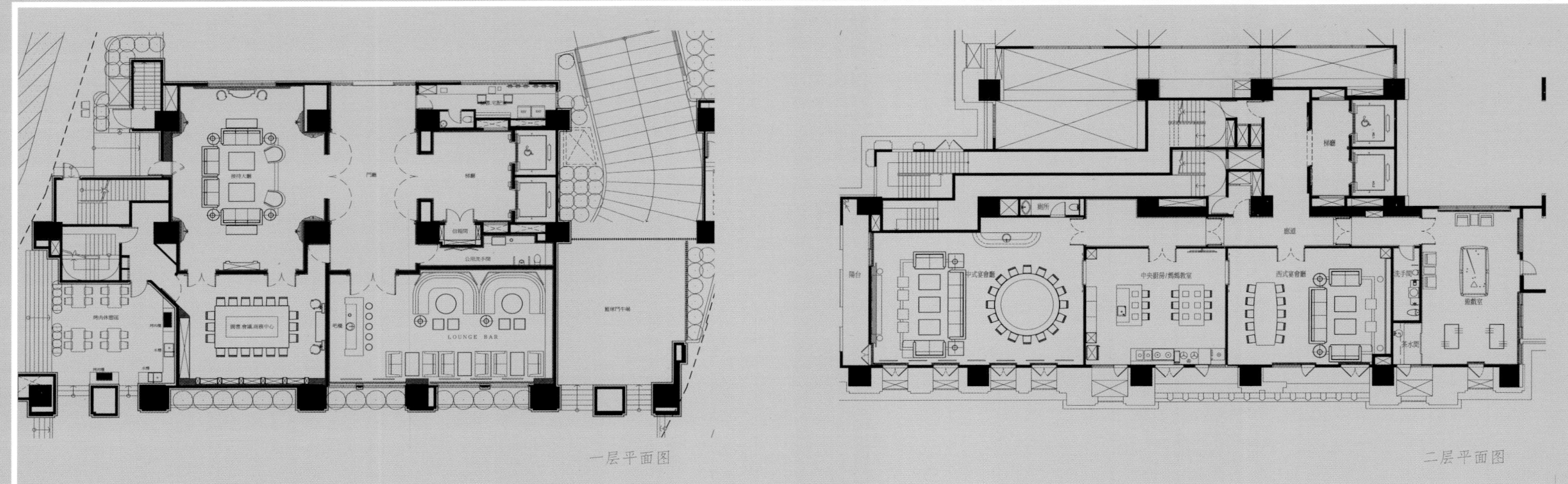

一层平面图

二层平面图

设计说明

会所是一个与“家”“生活”“艺术”有关的空间。

设计师将思想和态度，通过空间的转换，用独特的视角进行了清晰的表达。在会所中营造居家的享受，而不是单纯地追求华丽的表象。设计理念注重室内外空间的协调，以及建筑风格和景观环境之间的统一性，空间规模和比例皆以人为本，更将生活与艺术之中的理念透过材质与陈设绵密的布局融入会所之中，让使用者自然地产生归属、荣耀与尊贵之感。

PUBLIC FACILITIES FOR QIANJING WUXIAN HUAXIA RESIDENTIAL BUILDING

前景无限华厦住宅公共空间

设计公司：舍奕设计 / 设计师：曾文和 / 项目地址：中国台湾省新竹县 / 项目面积：1 600 平方米
主要材料：大理石、木皮、金属、水晶吊灯 / 摄影师：王俊杰

本案在建筑外观上采用欧式风格，门厅前巴洛克风格列柱庄重、大气，建筑立面左右对称，门厅正上方如强弩之弓的弧形设计使建筑富有力量，尽显大家风范。

室内装饰中，贯穿两层楼的玻璃隔断不禁让人眼前一亮。透过隔断上如织的线条，餐厅正中悬挂的漩涡灯瀑若隐若现，美妙绝伦；与此同时，透明的隔断也将户外景观引入室内，犹如天然的屏风，给室内增添了无限生机。

灯饰是本案的一大特点，令人过目不忘。顶楼圆形的 VIP 休息厅中，居中巨大的圆穹顶天花板正中悬挂着细致柔软如织品纹理的晶钻灯饰，凌空摆荡出令人目眩神迷的曼妙弧度，不禁让人浮想联翩。

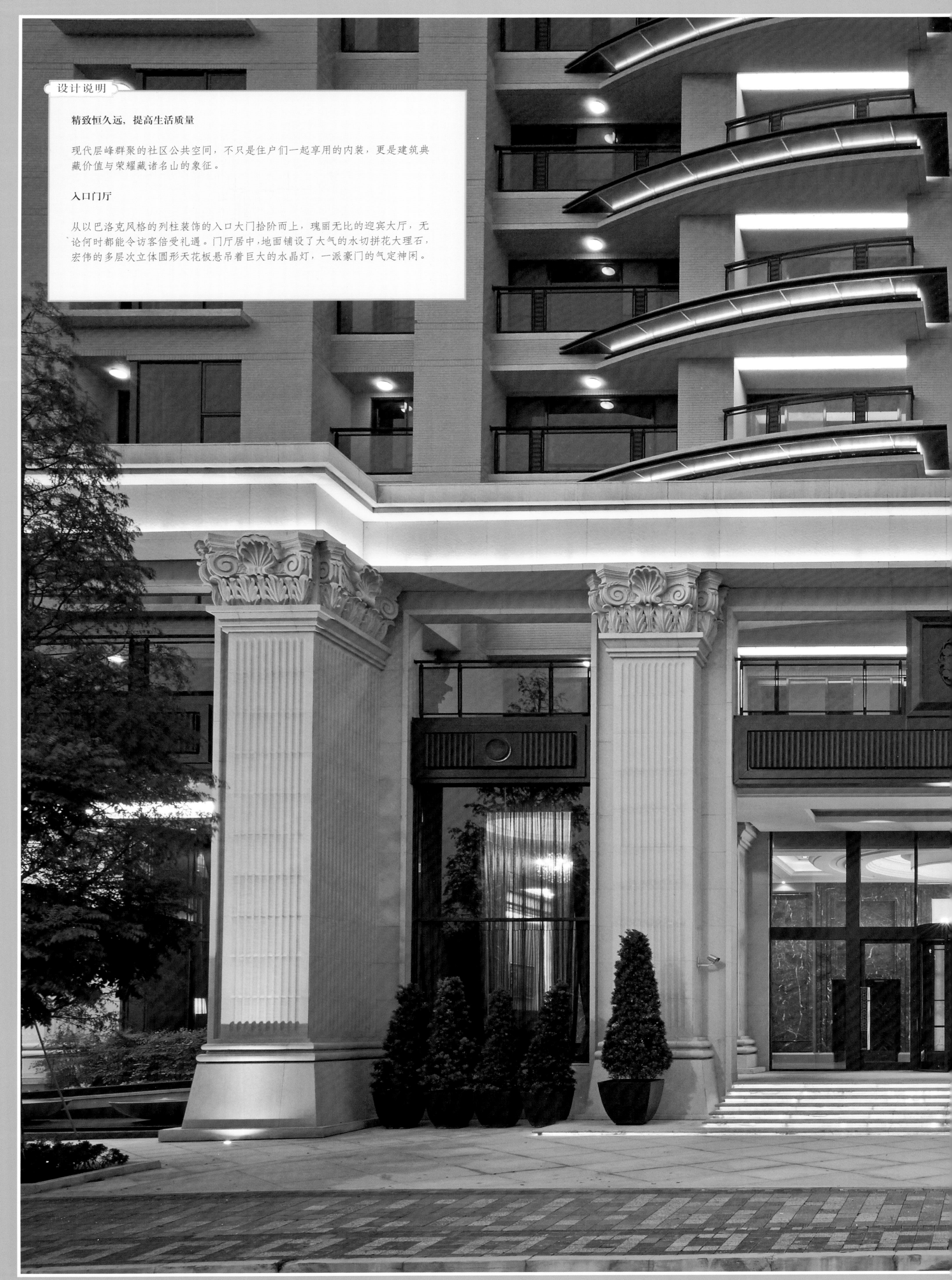

设计说明

精致恒久远，提高生活质量

现代层峰群聚的社区公共空间，不只是住户们一起享用的内装，更是建筑典藏价值与荣耀藏诸名山的象征。

入口门厅

从以巴洛克风格的列柱装饰的入口大门拾阶而上，瑰丽无比的迎宾大厅，无论何时都能令访客倍受礼遇。门厅居中，地面铺设了大气的水切拼花大理石，宏伟的多层次立体圆形天花板悬吊着巨大的水晶灯，一派豪门的气定神闲。

6R-3006

设计说明

大厅

横向展开的大厅仿佛双臂，展开环抱之姿，强调时尚与古典的对比，设计师借由单一或复杂的材质、色调（例如多种大理石材与定制家具等元素）诠释经典。大厅两边设置来宾等待休憩区，精心混搭的家具陈设令人倍感舒适。现代都会的古典气质与优雅、精致的生活品位在这里相交、互融。

VIP 休息厅

顶楼圆形的VIP休息厅是最适合浏览城下风光的私密之处。舒适且独立的沙发区沿着环形大窗落座，并搭配葡萄紫、百合白的双色家具，增添了感官的律动；恰到好处的距离兼顾了空间比例，也确保了休闲时光不被打扰。居中巨大的圆穹顶天花板气势不凡，细致柔软如织品纹理的晶钻灯饰，在马蹄形饮料吧台上方，凌空摆荡出令人目眩神迷的曼妙弧度，宛若在宽敞的舞池中华尔兹舞曲轻快且梦幻般的回旋。

客厅

挑高的宴客厅不吝给予众人额外的惊艳，多彩的空间表情与优雅的生活态度尽在其间。沉稳的色调与精致的材质尽显尊贵。高耸的行列开窗，搭配简单而利落的细节设计，精致的生活一气呵成，毫不保留地延续了公共空间的大气之美；丰沛的自然光源与正中悬挂的漩涡灯瀑，共同营造出变化万千的光线层次，也为休憩区的情调主题提供了独一无二的美学向度。

LOBBY FOR GRIFFON V

葛里法五世大堂

设计公司：唐林室内装修工程有限公司 / 设计师：廖韦强、杨雅惠、汤珍珍 / 项目地址：中国台湾省桃园县 / 项目面积：1 000 平方米
主要材料：石材、鸡翅木、金属 / 摄影师：Donlin

每一个复古的设计都寄托着一份怀旧的心情。本案将 19 世纪的建筑风华予以再现，连通的空间、层层深入的门廊、咖啡色的木质地板和家具，镌刻着属于那个年代的记忆。墙壁以及桌子上方的双头灯饰将这一年代的印记深深地烙在每位来客的脑海中。

空间中复古的元素处处皆是，却相当和谐且不乏精致。门厅处，柔美的线条在大理石门柱上勾勒出华丽的金边，高光烤漆的红木桌台展现了低调的奢华，而木质吊顶正中悬挂的圆形水晶吊灯也尽显古朴而又经典的美学艺术。

豪宅档案

1. **区位优势**：位于桃园中正艺文特区，交通便利；临近南平市场、艺文公园，周边环境宜人
2. **总价**：4 988 万元
3. **开发商**：富宇建设
4. **建筑形式**：住宅大楼
5. **建筑特征**：首席花园艺术城堡，11 012 平方米的庄园基地石材，Art Deco 新古典主义艺术风格的外观，尽显王者风范的 650 米栋距
6. **景观特点**：城堡式艺术回廊、千坪中庭花园广场
7. **配套资源**：配有游泳池、台球室、泡茶轩、健身房、瑜伽室、芳疗室、儿童游戏室等公共设施

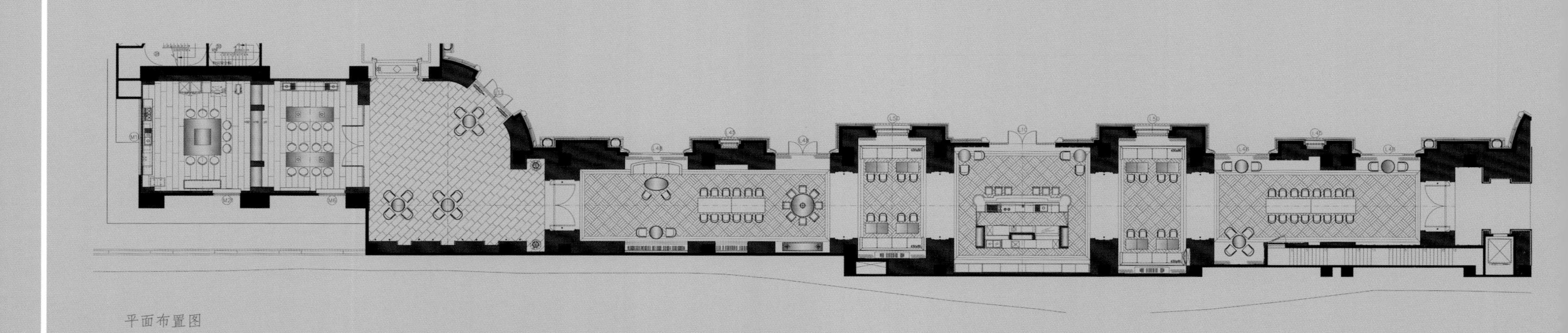

平面布置图

设计说明

勾勒17世纪贵族真实的生活场景，移动空间及时间印象，分离生活中被视为正常的空间比例及尺度，融入当时（17世纪）的时代精神及些许的君权体制，似乎是令当今商业精英们心驰神往的生活期待。

19世纪的风华再现——设计师多年游走在各大都市中，看着各种设计潮流竞相追逐，从简约到梦幻，甚至后来昙花一现的现代时尚。人们最怀念的仍旧是旧时光和往日风景。现代人确实在生活上经历了一个过渡期，承受着多方面的冲击，物质追求亦是精益求精。回归是根本，内心休养是真诚的渴望。想象一个旅者，在忙碌、快速的行进中，有个地方能够让他放下行囊，脱掉鞋子，在19世纪里昂车站的咖啡厅中安静地喝杯咖啡。

PUBLIC FACILITIES FOR RONG YAO

荣耀公共空间

设计公司：天坊室内计划 / 设计师：张清平 / 项目地址：中国台湾省台中市 / 项目面积：2 256 平方米
主要材料：石材马赛克、金箔马赛克、镶嵌玻璃、金刚砖、米黄石 / 摄影师：刘俊杰

本案庭院中的走廊以罗马柱整齐排列，营造了恢宏的气势；优美的弧线拱顶勾勒出古典艺术之美；罗马柱上整齐划一的古典灯饰，给人以隆重、尊贵之感。
大堂主墙面以金色的琉璃画装饰，“流淌”的金色渲染出一个富丽堂皇的空间，配以金色的水晶吊灯和雕花座椅，于华丽中不乏优雅。
由大幅的玻璃窗与大理石相拼接，窗外绿色的竹林透过镜面形成中式风格的“屏风”，配以舒适的躺椅，营造了中西结合的恬静、优美之境。

豪宅档案

1. **区位优势**：紧临近交流道、捷运总站、音乐厅、会展中心、秋红谷、潮洋环保公园、黎明中学、远东百货
2. **单价**：23 115 元 / 平方米
3. **开发商**：聚合发建设
4. **建筑形式**：高层住宅大楼（28F）
5. **建筑特征**：古典的磐石建筑，基座以上亿石材精凿，退缩百米廊道，采用柯林斯式柱头，彰显华丽之美
6. **景观特点**：以朱铭太极系列——跃进的人类（转身蹬脚）为社区艺术地景
7. **配套资源**：帝后级会馆包括可容纳 50 人的宴会厅、水疗馆、视听休闲馆、健身韵律馆

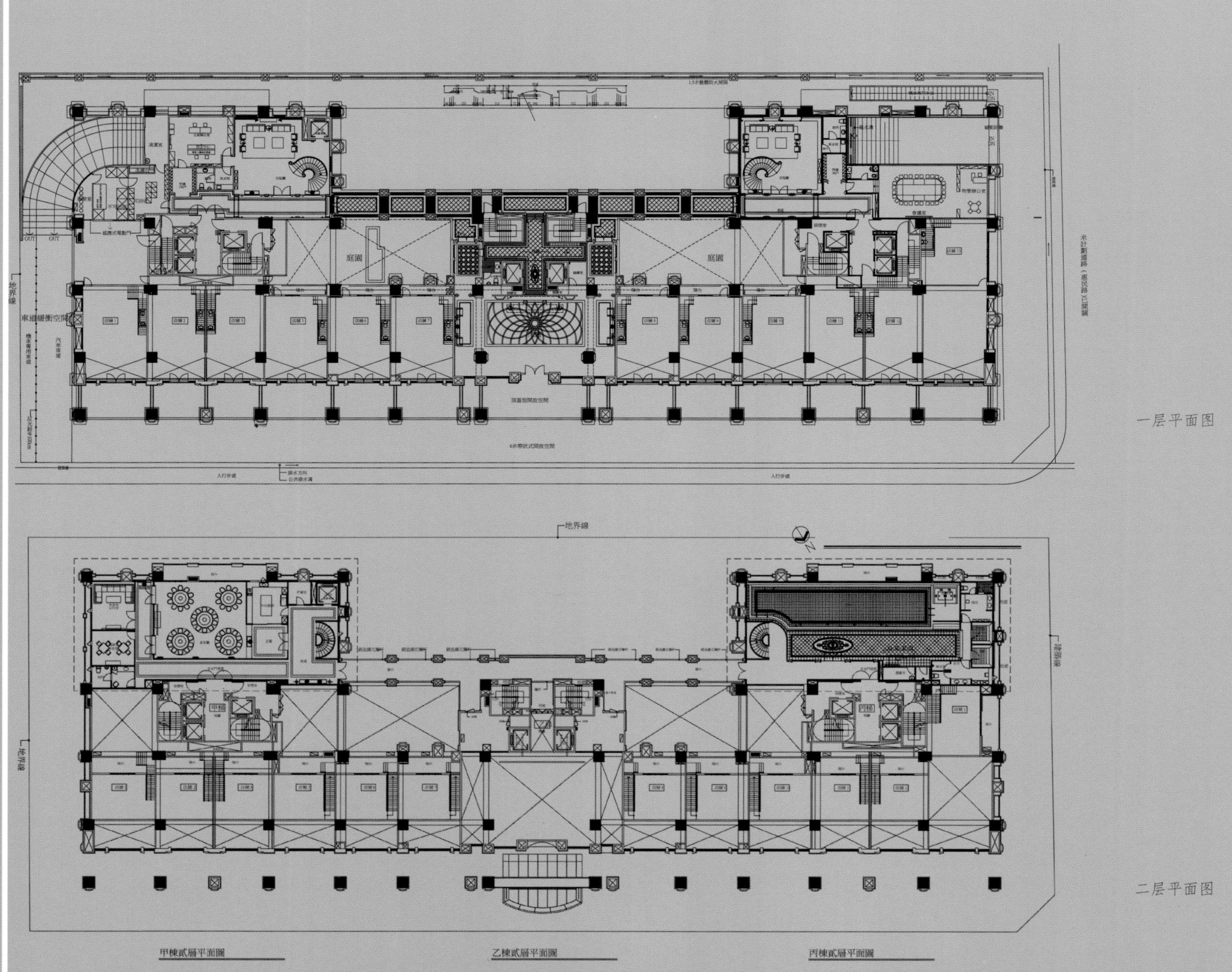

一层平面图

二层平面图

设计说明

本案的空间功能设定为会所，以雕刻石材的工艺美学为空间注入新古典元素，大气的格局成就了令人感动的建筑空间。

空间规划注重丰富的功能与人性化的便利设计。会所的平面布局动线流畅且各种尺度控制得恰到好处。和谐的空间过渡与转换更让使用者倍感贴心。色彩运用与陈设布置丰富且饱满，凸显华贵与富丽，却不失柔和与恬静。本案堪称现代功能与古典艺术相融合的上乘之作。

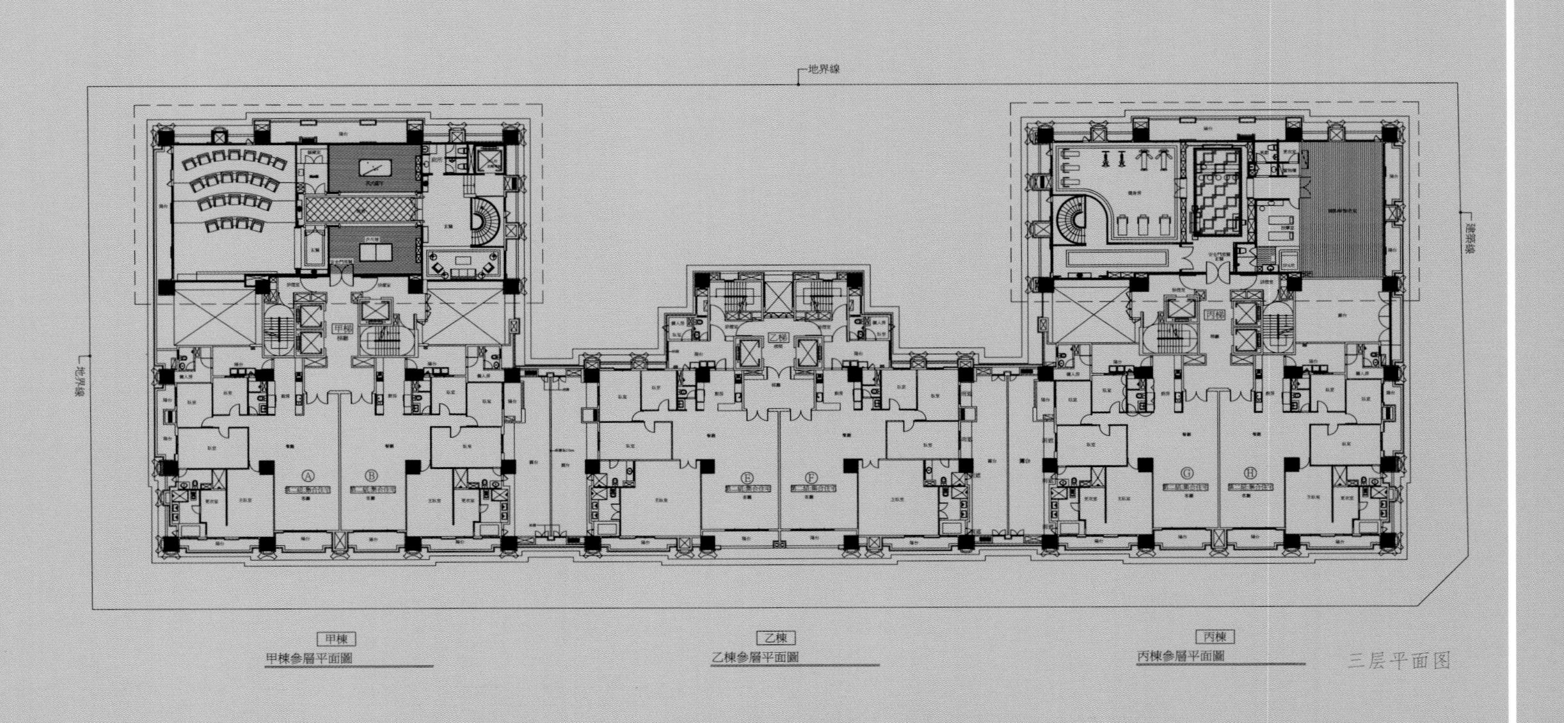

三层平面图

PUBLIC FACILITIES FOR GUAN DING

观顶公共空间

设计公司：天坊室内计划 / 设计师：张清平 / 项目地址：中国台湾省台中市 / 项目面积：608 平方米
主要材料：黑云石、银狐石、不锈钢镀钛、茶玻璃 / 摄影师：刘俊杰

本案设计结合欧式建筑的尊贵与浪漫，将古典与现代之美巧妙结合——具有装饰主义艺术特色的放射状花纹吧台和雕花桌椅尽显古典优雅之美，而墙壁上的画作和黑白条纹的座椅则尽显现代时尚之美。二者巧妙结合，恰到好处。

本案设计特别注重造型比例和对景，以及软装与硬装之间的平衡。家具选材以舒适、雅致为标准，并且以硬装细节进行推敲。业主要求空间格局大气、线条爽朗，因此设计师特别注重对称与平衡，使空间给人以舒展整齐、细腻稳重之感。

豪宅档案

1. **区位优势**：地处台中市十一期金砖区，拥有马礼逊美国学校近 99 000 平方米的绿地
2. **开发商**：富宇建设
3. **单价**：15 654 元 / 平方米
4. **建筑特征**：以 Art Deco 装饰艺术之优雅的比例与高挑的身段呈现精致、优美的外观
5. **户型面积**：264~296 平方米
6. **配套资源**：公共设施集中在一楼，一楼大厅挑高 7.3 米，面宽 24.58 米，全栋配备 Low-E 节能玻璃

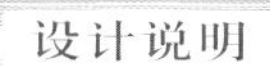

每一座伟大的城市，都有一个顶级会所。从北京的长安俱乐部，到上海的雍福会，再到广州的广粤会，顶级会所不仅承载城市文化的底蕴，更象征城市圈层的高度。同时，因为其私密性和高门槛，顶级会所给城市的发展带来不同的实际意义。

本案设计秉持对人、对空间、对土地、对文化的敬重，以完美的细节成就精致的典范，并以美学手法打造文化气息浓郁、质感贴近生活的顶级会所。

本案设计的主要目的是让使用者体验生活美学的价值。简而言之就是发现生活之道。生活美学是一种极富美感的生活享受。好的设计能够让人对食物兴味盎然，对外表用心经营，对文化悉心品味。

大堂分为艺术厅、沙龙区、洽谈及音乐区，结合欧式建筑的尊贵与浪漫，形成文化底蕴浓厚的当代新古典风貌。

在注重硬装效果的同时，设计师用现代的手法和材质还原了古典的气质，使空间具有古典与现代的双重审美效果。陈列的众多艺术品，使业主在享受物质文化的同时，也可感受生活美学所带来的精神愉悦。

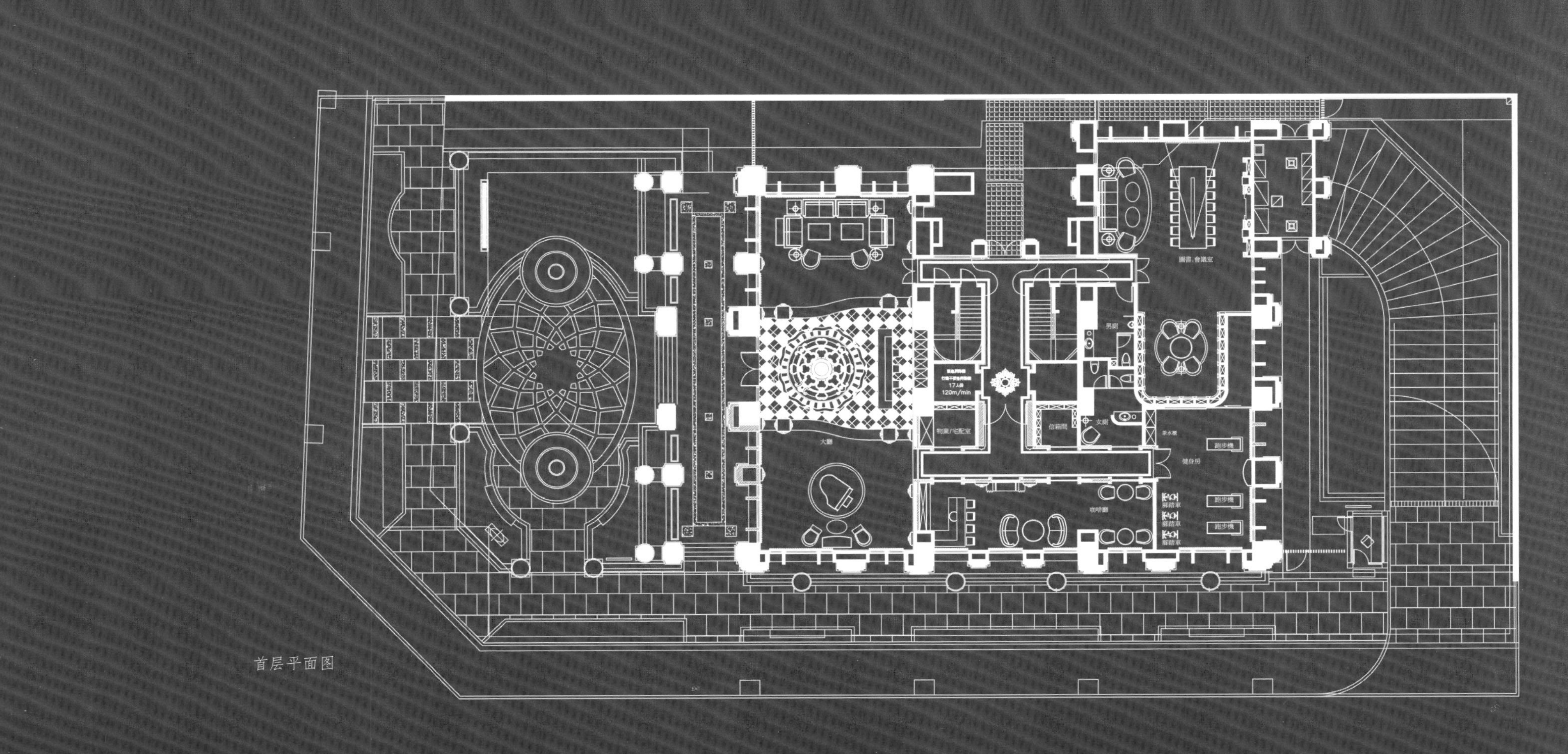

首层平面图

LOBBY FOR HAIPO XUHUI

海珀旭晖入户大堂

设计公司：大观·自成国际空间设计 / 设计师：连自成 / 参与设计师：虞苗、赵春蕾 / 项目地址：中国上海市 / 设计面积：6 000平方米
主要材料：白洞石、玉石、珍珠母贝、镀钛不锈钢、黑檀木皮、钢琴烤漆

大堂空间的古典式对称布局，富丽堂皇且气势恢宏。礼宾区层高7米，净高6米，多叠级的天花板搭配水晶灯，创新的造型和精巧的工艺给人以一种尊贵之感。空间异常开阔，大堂墙面以大量石材为主要材料，增加大堂的光感；视野尽处的背景墙面以抽象的造型图案装饰，在众多现代元素中增添几分古朴，配以形成视觉焦点的软装花卉，有画龙点睛的效果，有效地体现了现代奢华的设计理念。宾至如归的高端生活理念被运用于三层大堂之中。从纯净、稀有的钻石中汲取灵感，巧妙地运用米白洞石、黑檀木皮、钢琴烤漆、镀钛不锈钢等极具光泽与质感的材料，彰显钻石般的独特魅力。

豪宅档案

1. **区位优势**：江景大宅，特色国际化社区，地处教育重区，医疗设施密集。生活方便、快捷，足不出户，便可享受美丽江景
2. **单价**：60 000~10 000元 / 平方米
3. **开发商**：上海绿地恒滨置业有限公司
4. **建筑形式**：江景豪宅和酒店式公寓
5. **建筑特征**：新古典主义海派建筑风格
6. **容积率**：2.30
7. **绿化率**：30%
8. **户型面积**：91~377平方米
9. **景观特点**：紧临东安公园，拥有景观喷泉
10. **配套资源**：周边有徐家汇的繁华商区、交会的双轨地铁、七大会所主题空间、百万平方米的浦西最大滨水绿地

设计说明

本案设计将“钻石”的寓意带入室内空间。钻石恒久远，代表成功人士的非凡成就。而室内设计的内在精神，就犹如钻石一般。在极致工艺的切割下，绽放独特的艺术魅力，让业主回家后尽情地享受生活。

小区的公共设计现代、时尚。由内而外，处处体现业主的尊贵身份。电梯内的轿厢，地面以奢华的钟表图腾装饰。每一个细节都是精心考量的。设计师运用现代、简洁的几何线条，尊重人居感受，摒弃烦复的装饰，打造奢华的新一代住宅大堂。

大堂平面图

LOBBY FOR SHENZHEN TIANYU HAOTING

深圳天御豪庭住户大堂

设计公司：深圳市盘石室内设计有限公司 / 设计师：吴文粒、陆伟英 / 项目地址：中国广东省深圳市 / 项目面积：700 平方米
主要材料：维也纳米黄大理石、茶镜、玫瑰金、黑檀木

本案在材料选用上颇为讲究。空间主要以维也纳米黄大理石铺装，同时配以玫瑰金和茶镜等材料，于无形之中尽显奢华。同时，大理石地板以黑灰色“网格”勾勒，给人以强烈的立体视觉冲击；大厅吧台两面以对称的茶镜装饰，不仅丰富了墙面的设计美感，同时也延展了视觉空间。

此外，水晶灯的运用也颇为成功。走廊处，茶镜墙面映衬着瀑状水晶灯，形成一气呵成的奢华；与此同时，层次丰富的花形水晶吊灯与玫瑰金拉丝墙面以及茶镜则在另一个空间中演绎着妩媚与优雅。

豪宅档案

1. **区位优势**：位于深圳市目前唯一的滨海中心地带，可随时尊享滨海景观。同时，周边公园、学校、市政配套等云集，涵养化育，自然天成
2. **单价**：32 325~49 353 元 / 平方米
3. **开发商**：深圳市榕江实业有限公司
4. **建筑形式**：高层豪华住宅
5. **建筑特征**：呈围合式布局，楼王奢享两梯两户电梯入户
6. **容积率**：3.80
7. **绿化率**：35.0%
8. **户型面积**：160~320 平方米
9. **景观特点**：泰式园林，舒适境界。全架空泰式园林，中轴对称设计，入口恢宏，风雨长廊贯穿各栋，景色宜人
10. **配套资源**：内部配套包括商业丹桂轩、酒庄、红酒坊等；周边休闲配套包括宝安体育馆、青少年宫、演艺中心、图书馆、海华公园、区政府广场，商业配套包括宏发领域、丽晶国际、鸿荣源大型购物中心、万佳百货商场、天虹商场、五星酒店、银行，教育配套包括西城上筑幼儿园、海滨中英文幼儿园、宝丰小学、新安中学、宝安实验学校等

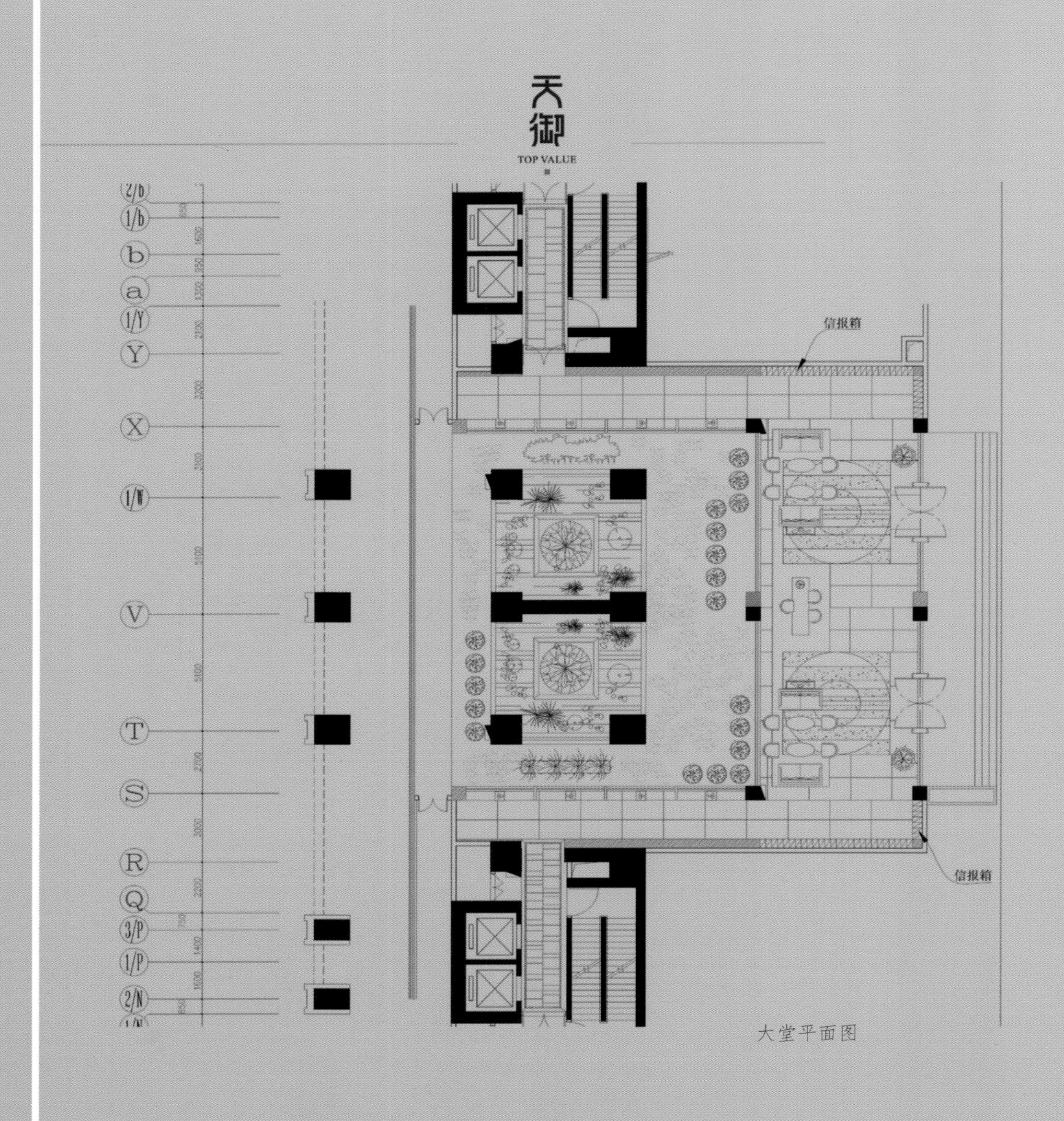

大堂平面图

设计说明

作为城市高端人群未来的居住空间，本案在住户大堂的设计上自然要尽显高端、气派。因此，设计师在设计手法、材料运用和配饰家具的选择上也颇为用心。

本案地处宝安中心区，是城市高端人群未来的生活版图。住户大厅公共空间的设计，巧妙地运用现代手法，以雅致、流畅的笔触，彰显非一般高贵、时尚的格调，为业主缔造时尚奢华、舒适闲静的生活空间。

LA COURONN
前海 定制级 世袭大宅

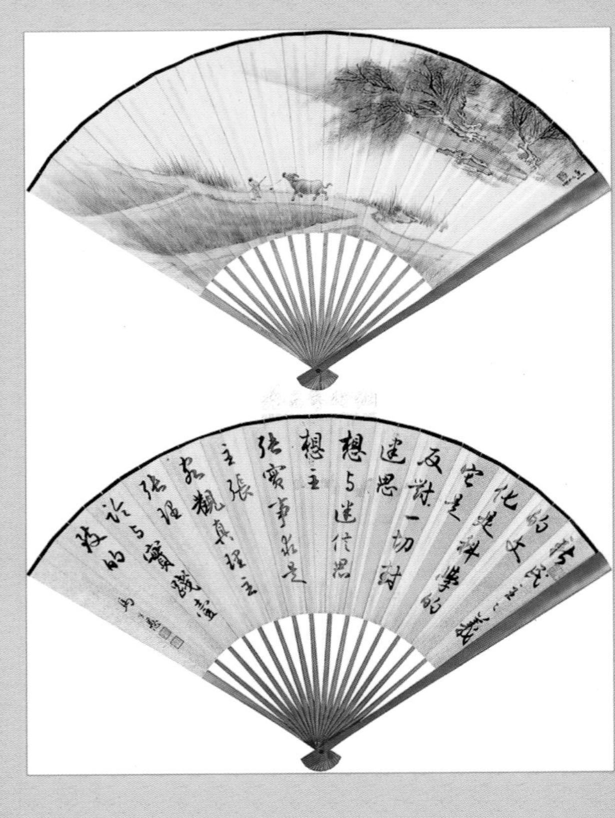

ELEGANT STYLE
儒雅式

IMPLICATIVE, REFI
LONG-LASTING OF

ED AND
ENTAL AESTHETICS

含蓄、典雅，
历久弥新的
东方美学

PUBLIC FACILITIES FOR YIPIN YUAN

一品苑公共空间

设计公司：天坊室内计划 / 设计师：张清平 / 项目地址：中国台湾省台中市 / 项目面积：562 平方米
主要材料：雪花石、灰洞石、木纹石、橡木、柚木、不锈钢、玻璃 / 摄影师：刘俊杰

大堂设计采用现代简约风格，以浓郁的大地色彩营造大气、内敛的空间氛围。墙面和地面结合了石材断面的层次纹理，创造一种如呼吸般的律动，配以层次丰富的水晶吊灯，于简约中营造一种别样的韵味。
本案设计的一大亮点是注重室内陈设与户外景观的互动。玻璃隔断将阅读区划分出来，透过玻璃，湖蓝色的沙发静静地等候他的主人，两扇大幅的落地窗占据二分之一的墙面，营造了如诗如画的意境，坐在沙发上，户外的景色仿佛触手可及。庭院品茶区的设计与之有异曲同工之妙，空间与景观和谐相融，阳光透过吧台后的木质隔断射入空间，也射入人们的心里。

豪宅档案

1. **区位优势**：拥有丰富、完善的空间功能和无限的增值潜力
2. **总价**：4 380 万元
3. **开发商**：元城建设
4. **建筑特征**：新古典主义极致工艺、艺术穹顶地标，彰显城市天际美学
5. **户型面积**：290~580 平方米
6. **景观特点**：位于台中八期东侧，休闲氛围浓厚，面朝南苑公园，享百米以上栋距；因面朝南苑公园第一排，拥有长轴线的景观视野，24 楼建筑具有显著的地标性，为公园添一座地景，让公园风、光、景自然进入大楼内，打造一座绿色、健康的大栋距建筑

设计说明

设计出自己的味道，让世界来模仿

设计标准，一个是物质化，一个是生活化，这两者都要达到平衡。空间设计首先要满足功能需求，这是它的基本属性；在满足功能需求的前提下，再去进行更深层次的表现。设计永远都是有物件的，所以设计的好与坏往往也取决于与物件本身的默契度、和谐度。

为契合建筑的主体特色，大堂设计采用现代简约风格。首先，以大气、内敛且文化气息浓郁的意象营造空间的震撼力。色调是较浓郁的大地色彩，部分区域立面处理结合石材断面的层次纹理，在稳定、舒适中创造一种如呼吸般的律动。

设计师希望业主进入空间，除了空间功能的享受，更能感受到一步一景以及如入画境的空间质感，这里是无数个休闲的点，渲染成线面，自成世界。在传统美学的启迪下，融合现代手法，描绘如画的意境，东、西、南、北、室内、户外的绵密而协调的景观联系，赋予空间深度的韵律与视觉变化。在有限的空间内，集合、压缩多个焦点，渲染丰富的层次，让空间处处都是玩赏的起点，意境也随心境而转变，如梦如幻。

家具和饰品比较简约。空间令人感觉不是房子，而是一件错落有致的艺术品。风格简约，线条流畅，那些随意分布的家具和艺术品让人恍若进入艺术馆之中。在空间中，业主不需要指示牌的引导，可以随着直觉、视觉的牵引，自由行走，充分享受，在愉快、自由的空间体验中，与空间艺术进行和谐的对话。

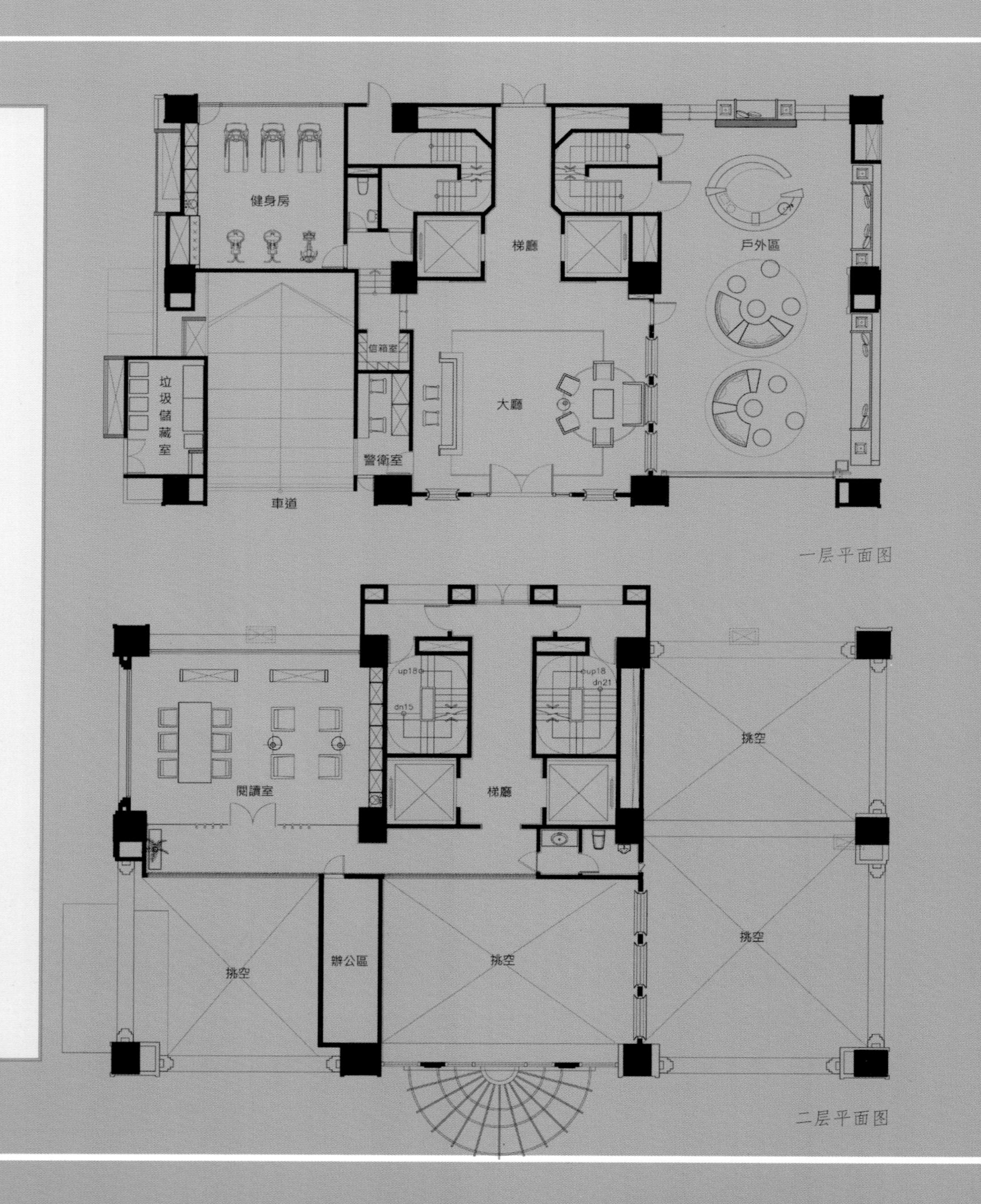

一层平面图

二层平面图

LOUVRE

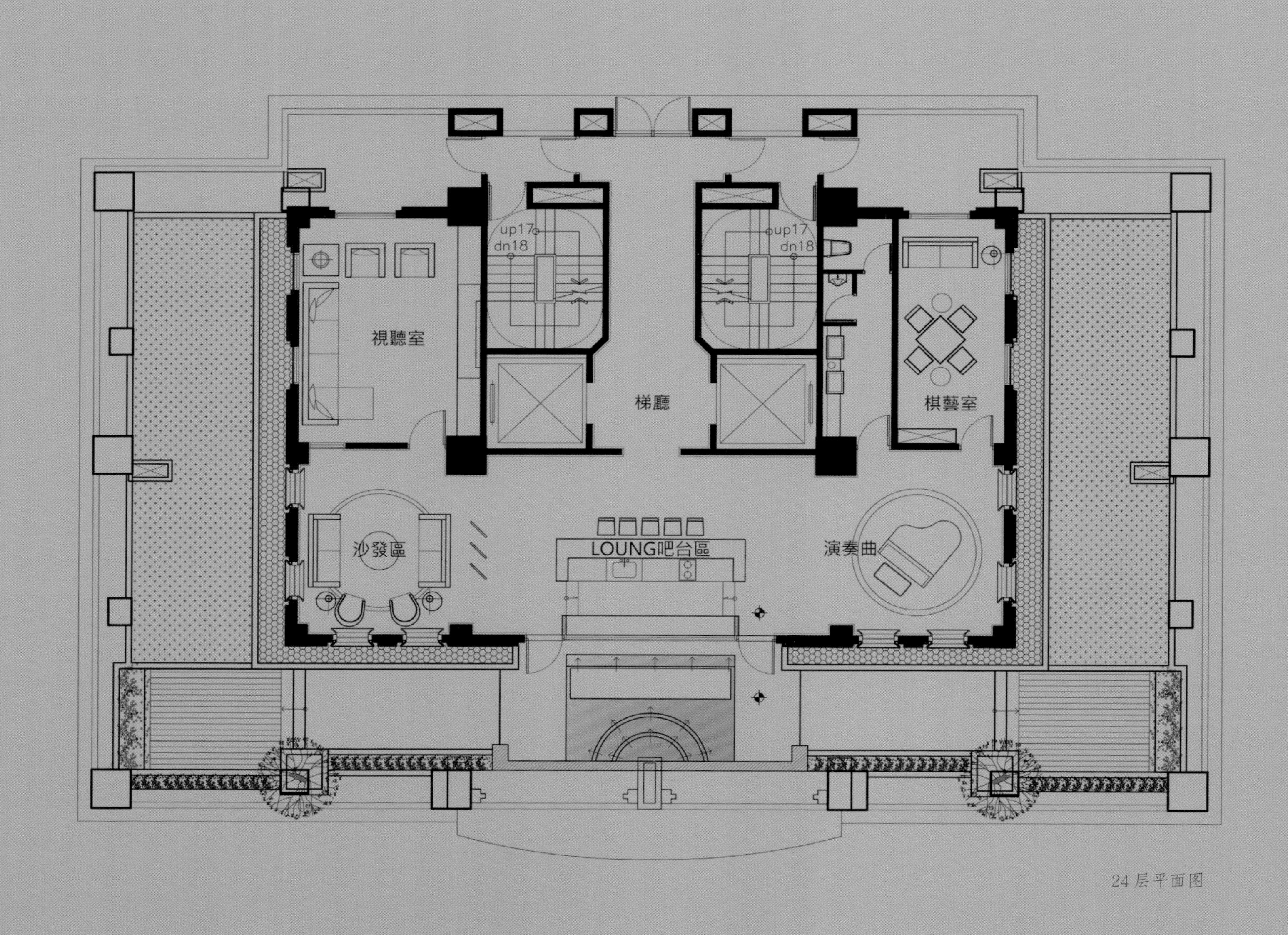

24层平面图

PUBLIC FACILITIES FOR TAIPEI YANGMING

台北阳明公共空间

设计公司：真工设计 / 设计师：程绍正韬、江皓千 / 项目地址：中国台湾省台北市 / 项目面积：1 743 平方米
主要材料：锈石、白莱姆石、磨石子、米洞石、铁件 / 摄影师：李国民

本案于朴素中体现奢华，于简单中表现涵养，设计师将悠闲、平和以及乐观等心境融入设计之中，追求灵魂深处的精神融合。闲庭信步，一处不起眼的墙面上精雕细琢的花形石雕会让你凝视许久；辗转于室内，转角遇到墙面上一幅朴素却富有意味的中式画作会让你内心平和；室内墙壁和装饰多以简练的线条勾勒，简洁却不失优雅、大气。

大幅以锈石装饰的墙面让人仿佛置身于清泉流淌的山野中，配以木质长桌和中式座椅，营造了一处悠闲自得的宜人之境。

豪宅档案

1. 区位优势：位于台北市北投区
2. 建筑形式：集合住宅
3. 容积率：2.25

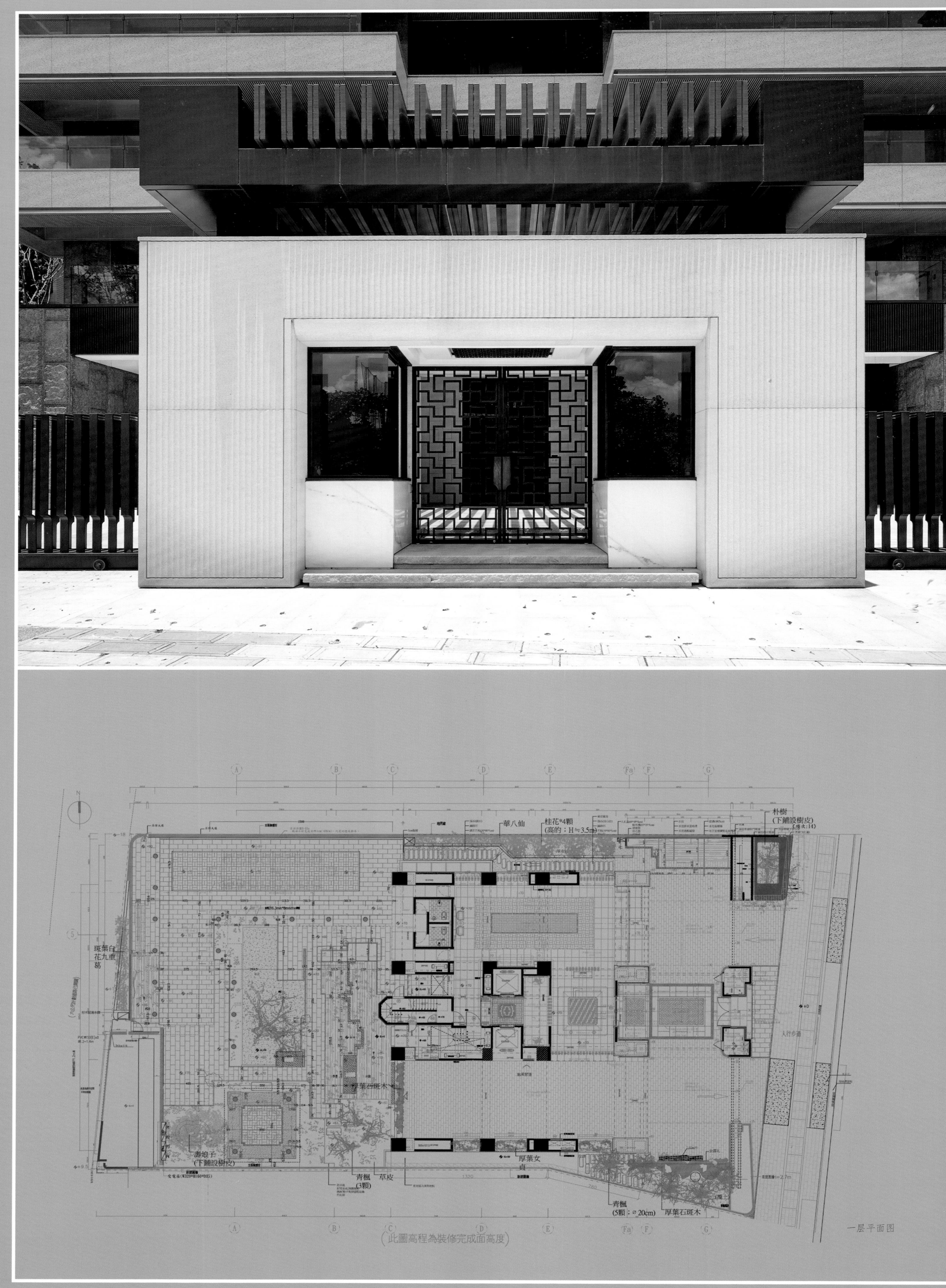

華八仙
桂花*4顆
(高的：H≈3.5m)
朴樹
(下鋪設樹皮)
斑葉白
花九重
葛
厚葉石斑木
壽娘子
(下鋪設樹皮)
青楓
(3顆)
草皮
厚葉女
貞
青楓
(5顆；⌀20cm)
厚葉石斑木
人行步道
一层平面图
(此圖高程為裝修完成面高度)

设计说明

多年来，设计师一直在思索一个有趣的问题，那就是：伴随经济的发展而逐渐兴盛的房地产业，从早期的功能空间至上、以廉价古典符号装饰的建筑外表，转换至现代主义和Art Deco装饰艺术均强调的豪宅设计，其实都不外乎是一种设计符号的“再现”与“重组”而已。

诚然，这种由普罗大众房屋购买需求而支撑起来的当代房地产市场，不论买方与卖方都需要一种由“看得见的”，即“物质化”的设计来协助进行所谓房地产的销售与购买。然而，在这种明显的需求下，真正居住品质的“好”与“坏”、“俗”与“雅”的分野则终是人类这个高等灵性生物通过长时间的定居行为而产生的“认知”过程。在这种情况下，人们透过看似物质的“房子”，安置虚无的身体还是慰藉缥缈的灵魂？

伴随房地产经济而生的设计行业，处在此番境遇，究竟还能不能再谈空间设计的本质美？抑或另辟蹊径地以某种新的方式再开创一种新的艺术类型——诸如“环境艺术”这样的美学系统？在传统认知方面，艺术与商业市场本不相干，艺术与设计在行为模式上都大相径庭了，更何况是普罗大众市场机制导向的商业运作？

忆昔庄子《齐物论》之言：“道隐于小成，言隐于荣华。”大抵此意。所谓“荣华”者，谓浮辩之辞，华美之言，只为滞于华辩，所以蒙蔽至言。同时，道家亦认为，世间之大道被各家之小成所湮没。当代居所或公共环境的设计之道，如此过甚地追逐不论加法（古典）还是减法（极简）之设计符号，是否终究湮没了真正属于居住者与设计师那种自然、本真的灵性？

设计师运用天人合一的手法，将有形的设计符号运用于入世情景中，再将其转化为凡世荣华。世间的“荣华富贵”被菁萃提炼，形成一个物质空间与心理环境相融合的返璞归真之境。于是，一切普通的世俗万象得以提升，因赋灵性而富妙韵，最后成就一番“天人优雅”。

形神兼备而后自然而然，空间获得天人合一的灵性，此谓“世之大道”。

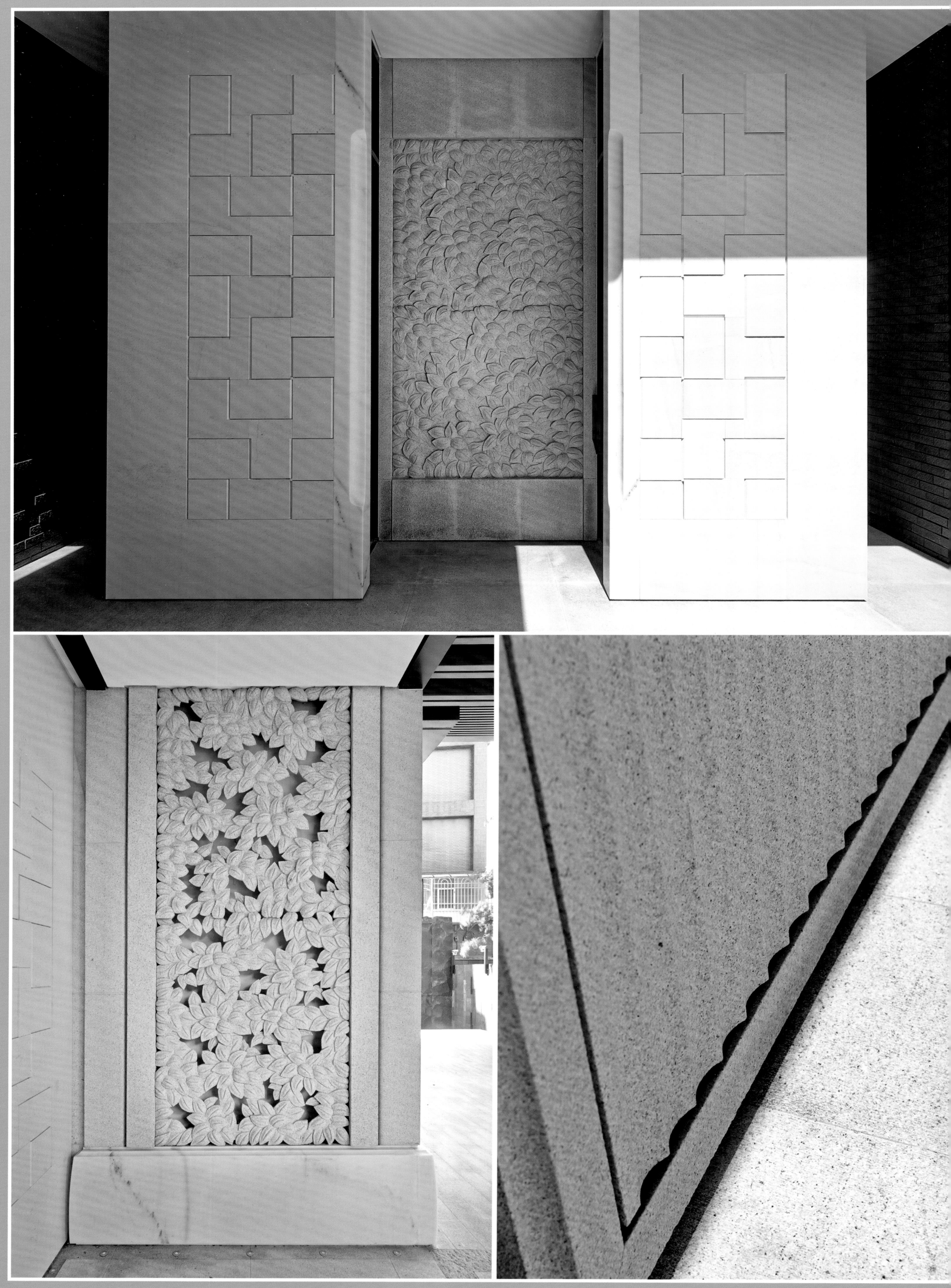

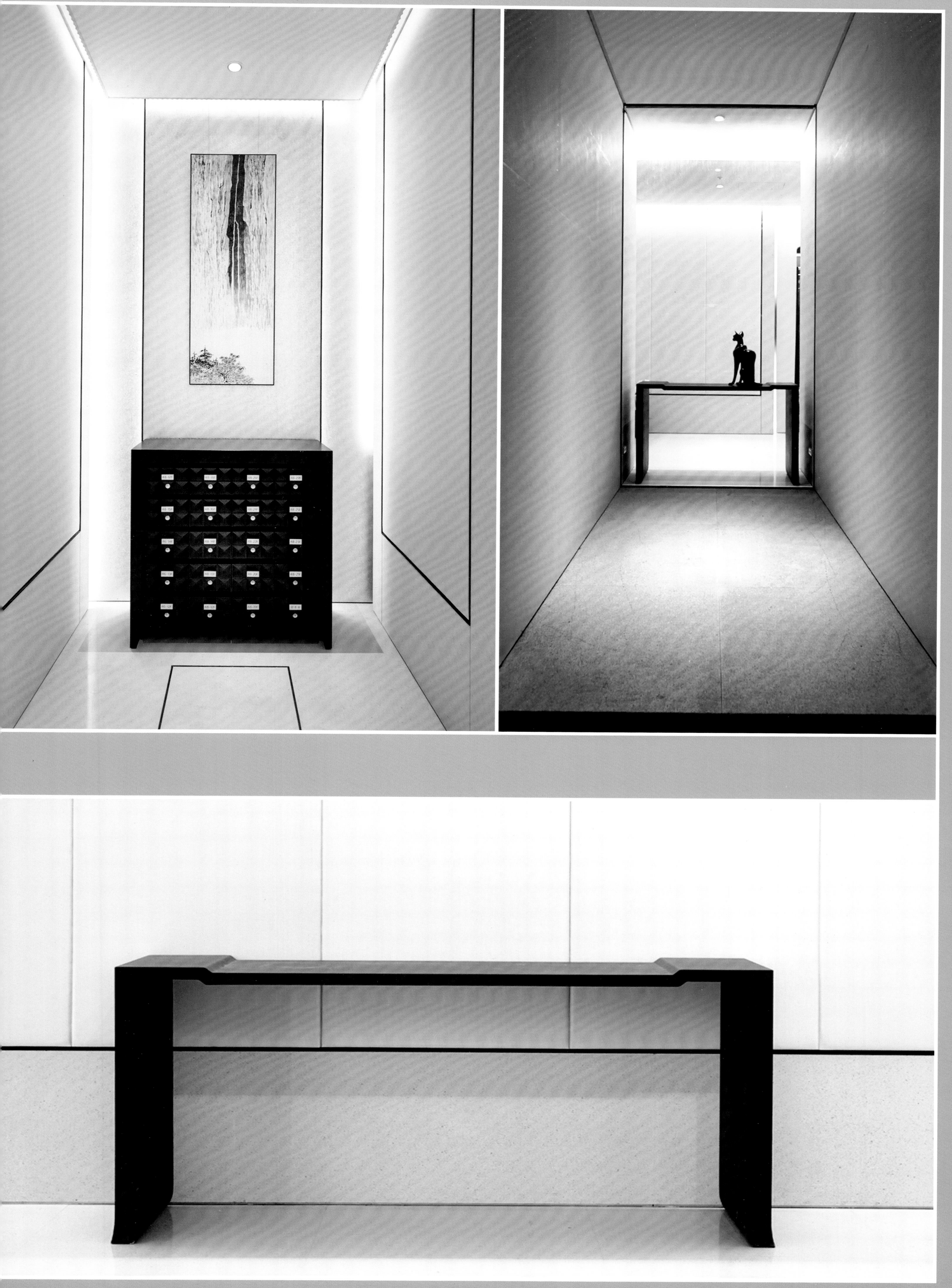

PUBLIC FACILITIES FOR XIADUO HUAXIA RESIDENTIAL BUILDING

夏朵华厦住宅公共空间

设计公司：含奕设计工程有限公司 / 设计师：曾文和 / 项目地址：中国台湾省台中市 / 项目面积：1 100平方米
主要材料：大理石、木皮、金属、水晶吊灯、板岩砖、马赛克、耐磨木地板 / 摄影师：王俊杰

本案在材料选用上尤为出彩，如迎宾大厅的主墙面，将茶镜与石材相结合，光泽闪烁的茶镜反射着华丽的线性金色吊灯以及温润的石材墙面，营造了大气、时尚的空间氛围。除此之外，多功能宴会厅以银白龙大理石为地板，配以镂空镜面隔断和饰以流线型茶镜的墙面，奢华之气自然流露，同时弥漫着浓郁的艺术气息，给人以美的享受。与此同时，泳池的墙面设计很值得一提。进入泳池区，映入眼帘的是大面的雕塑墙，四周以大幅大理石墙拼接少量的玻璃，将户外翠绿的树木嫩草引入室内，配以窗户上酷似绿植的泼墨水彩画，彰显出精品度假饭店的时尚情调和优雅品位。

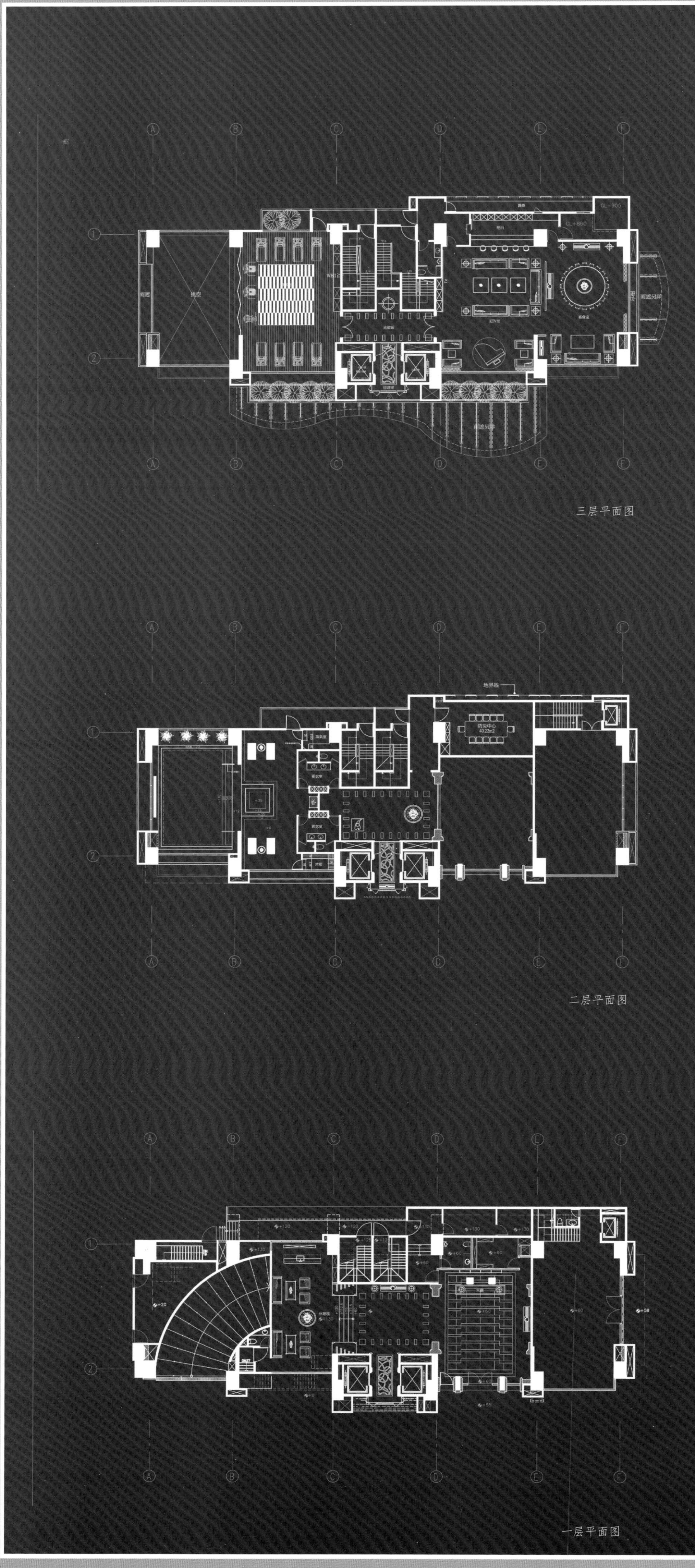
三层平面图

二层平面图

一层平面图

设计说明

迎宾大厅

移步室内，映入眼帘的是挑高的迎宾大厅，将茶镜与石材主墙相结合，搭配高雅的水晶吊灯和细腻、精致的质感铺陈，光影穿梭、摇曳于感官之中，尽显惊艳、雅致的迎宾气度。

廊道

步入大厅与交谊厅之间的廊道，为串联空间动线，设计师运用编织手法，使墙面与大型壁灯彰显出优雅、高贵的视觉之美。

交谊厅

交谊厅运用米色系石材和黑白色调现代家具；通透的空间、温润的灯光与梦幻般的纱帘交相辉映，营造了恬静、舒适的空间氛围，开启了一段美丽的相遇。

室内泳池

室内泳池借由穿透的光线折射至水面上的波光粼粼，与白净、光亮的室内材质相呼应，一室沐光谱写悠闲、惬意的空间韵律感。

多功能宴会厅

多功能宴会厅以银白龙大理石为地板，与天花板的造型相呼应，搭配镀钛不锈钢，视觉变幻多姿多彩。钢琴音乐厅、宴会交谊厅、休息厅的多功能设计，让造访者参与音乐品酒、美食飨宴、赏书品茗等活动，感受惊艳、奢美的氛围，小巧玲珑的雕塑、饰品、画作更令空间充满艺术气息。

健身房

健身房的设备规格比照标准的健身中心，大面积曲线造型镜面与超耐磨实木地板交相辉映，落地格栅窗引入明亮的自然光线，营造了视觉通透的宽敞空间。心肺交叉训练机、哑铃训练椅机、跑步机、健身脚踏车等多元设备一应俱全，让使用者在此尽情地放松身心。

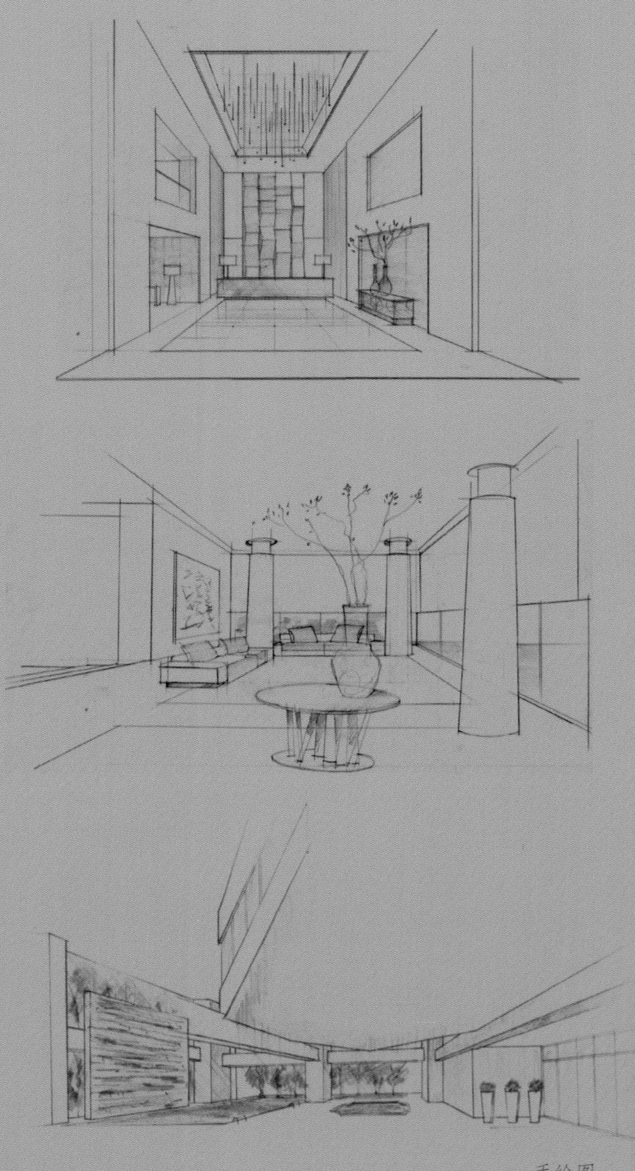
手绘图

PUBLIC FACILITIES FOR YIPIN GUOYAN

一品国砚公共空间

设计公司：诺禾空间设计有限公司／设计师：萧凯仁、翁梓富、张家翰／项目地址：中国台湾省桃园县／项目面积：1 900 平方米
主要材料：红龙玉石片、波斯灰大理石、意大利洞石金箔、黑木皮、花岗石、铝板、铜材／摄影师：李国民

本案在设计主题上主要以“涟漪”为意向，其中墙面设计尤为精彩。墙面饰以泥土色大理石，缓缓晕开的涟漪，一圈圈尽显高贵与优雅；走廊处的墙面如海浪翻滚向前，形成一种活泼、欢快的韵律；而健身房的墙面则似涓涓细流缓缓流淌，洗涤人们内心的浮躁，使人回归平静。

在泳池设计方面，设计师以马赛克石仔细地砌出一池的湛蓝沁凉，泳池的上方以水珠状白色吊灯装饰，随风轻轻地浮动，营造了活泼的水上梦幻空间。

豪宅档案

1. **区位**：坐拥优美的河堤景观，休闲、散步、运动，尽享轻松、悠闲的生活；周围有市场、商圈，可轻松、便利地购物
2. **单价**：20 988 元／平方米
3. **开发商**：百川建设
4. **建筑形式**：电梯住宅大楼，稀有独层独户，隐秘性强，安全性高
5. **建筑特征**：新古典式豪宅
6. **容积率**：2.0
7. **绿化率**：40%
8. **景观特点**：紧临河岸公园、泳池
9. **配套资源**：内部配套包括交谊厅、水疗中心、健身房、图书室、KTV 中心，周边配套包括传统市场、公园绿地、新光三越百货等

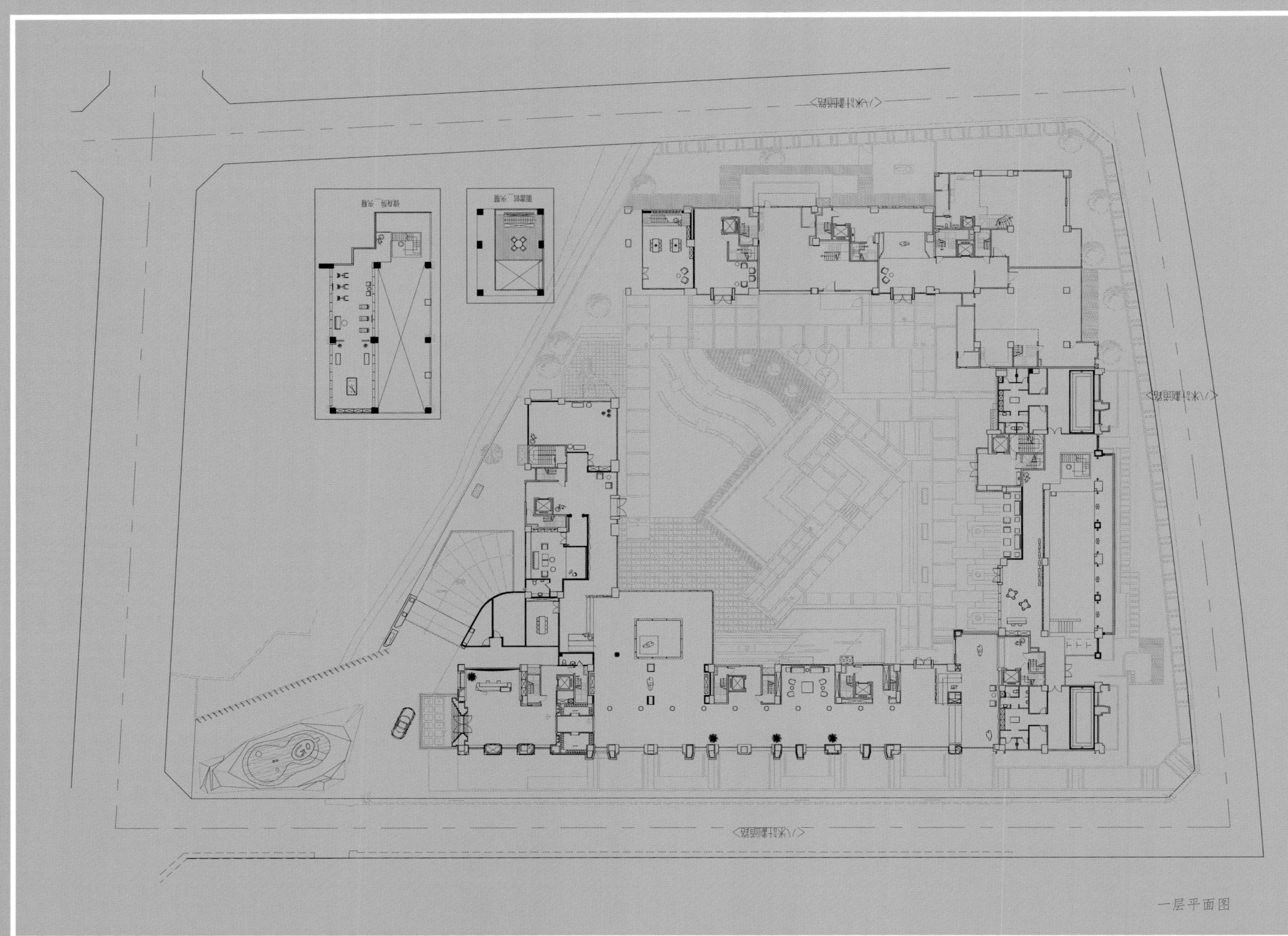

一层平面图

设计说明

社区的共同凝聚力来自于紧临社区的河畔，设计主轴落在“涟漪”，反映东方思想对社会关系的理解，东方人普遍相信，个人或某些事物微小的改变会影响到整个社会，这种社会文化趋势被描述成“涟漪”。因此，在设计主题上“涟漪”的意象贯穿全局，以建筑主入口大门为起点，泛出的“涟漪”串联公共空间、大厅、接待廊道、交谊厅、泳池、水疗中心、健身房、图书室、KTV中心，以同心圆的视觉印象、多样化的材质、与众不同的切割比例营造处处皆“涟漪”的空间景象！

KTV

PUBLIC FACILITIES FOR MACRO VISION

新业博观公共空间

设计公司：清奇设计苏静麒建筑室内设计研究所 / 设计师：苏静麒 / 参与设计：纪宪儒、张群芳、廖淑君 / 项目地址：中国台湾省台中市
项目面积：545平方米（室内面积）、2 125平方米（景观面积）
主要材料：室外建材包括美国棕石、印度鲸灰石、印度黑石、观音石、刷宜兰石、铁刀木纹砖、贝壳砂、人造户外木地板，
室内建材包括胡桃木皮、铁刀木纹石、印度鲸灰石、黑镜、茶镜、编织地毯 / 摄影师：刘中颖

入口处简洁的都市绿景设计，展现豪宅社区自在、从容的本色，开放式的墙面设计使空间内阳光和空气充足；移步室内，品茗区层叠的墙、园中的生态水池以及点缀其中的盆栽，让宾客于移步换景中尽享"静如林，秀如画"的中国园林之美。

顶楼的空中花园让业主尽览繁华的都市夜景。木质地板、木质躺椅以及幽暗灯光中的绿植营造了犹如都市之外的情境。仰望星空，旁观尘世，这大概就是"大隐隐于市"的最好写照。

接待大厅采用大幅的落地窗设计，将窗外郁郁葱葱的竹子引入室内，犹如青色的落地珠帘与室内景色完美融合，让人眼前一亮。

豪宅档案

1. **区位优势**：地处台中市西屯区福科一街，周边教育资源丰富，文化氛围浓郁，紧临美食商圈，全方位满足业主生活、娱乐需求
2. **总价**：2 080~2 350万元
3. **开发商**：新业建设
4. **建筑形式**：集合住宅大楼，楼层规划为地上14层，地下3层；72户，格局以3~4房为主，单电梯设计，私密性强；车位100个；公共空间比为32%
5. **建筑特征**：双立面、单纯双拼规划
6. **景观特点**：中庭花园、接待大厅、空中花园、烤肉区、交谊厅、品茗区、艺术水池
7. **配套资源**：内部配套包括阅览室、健身房，周边配套包括西屯路新光银行、西屯路福星路美食商圈、西苑中学，以及规划中的水湳经贸园区

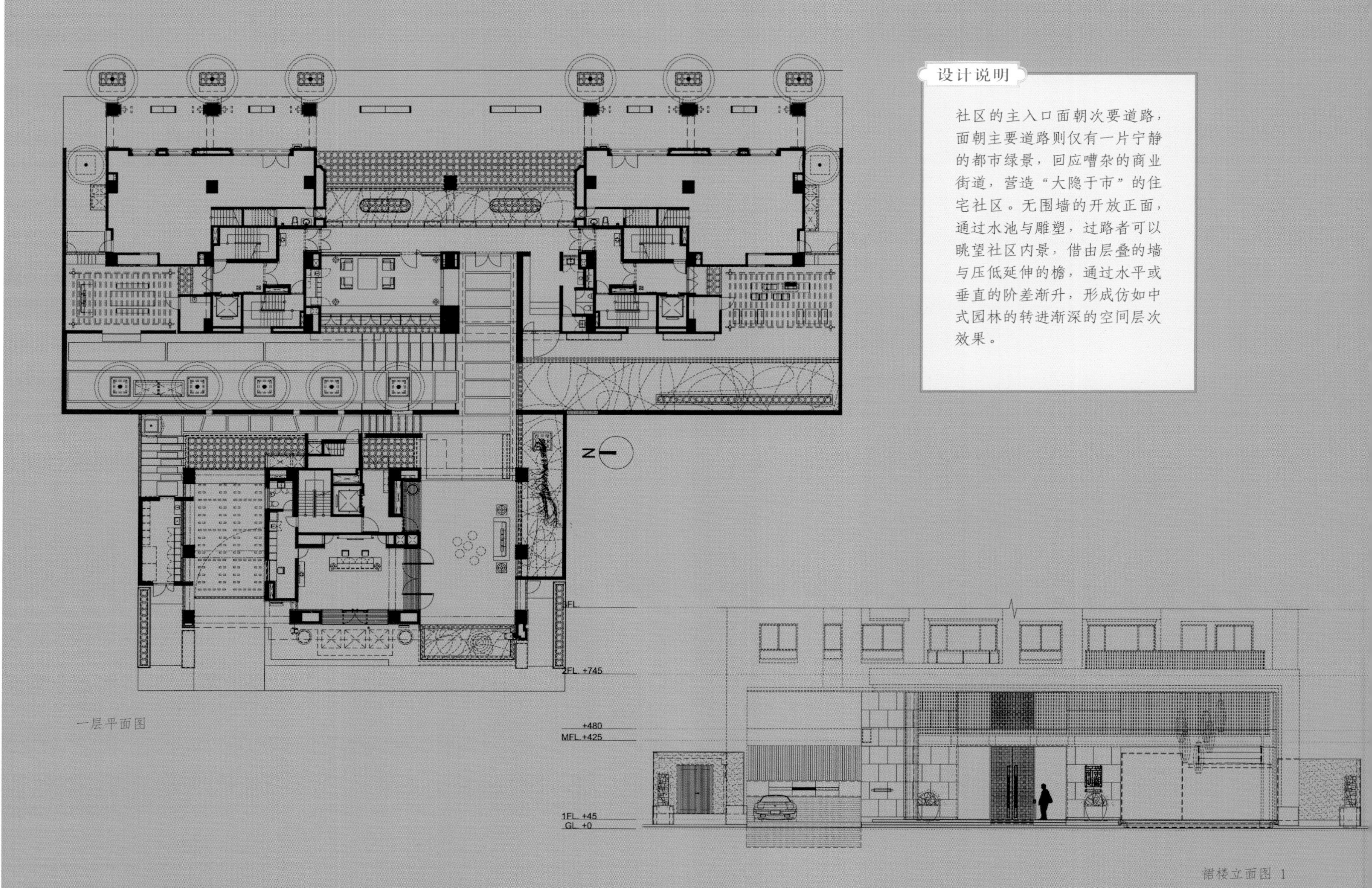

一层平面图

裙楼立面图 1

设计说明

社区的主入口面朝次要道路，面朝主要道路则仅有一片宁静的都市绿景，回应嘈杂的商业街道，营造“大隐于市”的住宅社区。无围墙的开放正面，通过水池与雕塑，过路者可以眺望社区内景，借由层叠的墙与压低延伸的檐，通过水平或垂直的阶差渐升，形成仿如中式园林的转进渐深的空间层次效果。

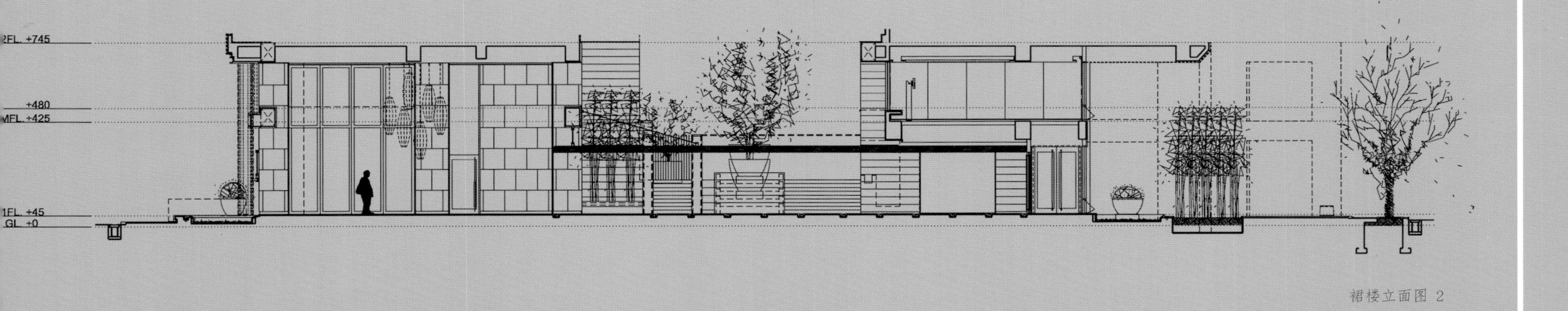

裙楼立面图 2

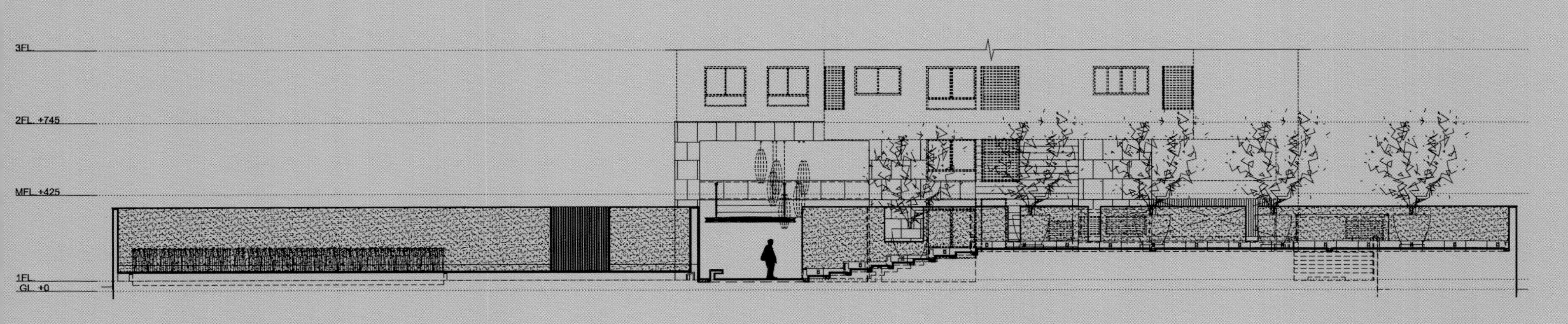

裙楼立面图 3

PUBLIC FACILITIES FOR LIHE ARCHITECTURE & POEM

理和建筑与诗公共空间

设计公司：清奇设计苏静麒建筑室内设计研究所 / 设计师：苏静麒 / 参与设计：谢欣薇、赵焕珍、张莉宁 / 项目地址：中国台湾省台中市
项目面积：496 平方米（室内面积）、922 平方米（景观面积）
主要材料：室外材料包括清水模、和平白石、苹果绿石、全木染色，室内材料包括清水模、修水绿石、观音石、乔治亚灰石、不锈钢板
摄影师：赵世震

在景观设计中，设计师巧妙地运用借景手法，中庭水景以及种有竹林的景观墙面穿过透明的长廊玻璃，成为室内空间内瑰丽的长篇“画卷”，典雅且壮观。

入口大厅的墙面以积层石材装饰，配以富有诗意的圆幅竹画，营造一个诗情画意的空间，给人以轻松、愉悦之感。

光影设计也为空间增色不少，碧绿的中庭水景在夜晚的微光中若隐若现，而大厅长廊墙面以及地面暗灯则如星光般闪烁，室内外空间交相辉映，如梦似幻。

豪宅档案

1. **区位优势**：社区是当地的地标建筑之一，交通便利，公园绿地多，周边环境清新、宜人
2 **开发商**：理和建设
3. **建筑形式**：电梯住宅大楼
4. **建筑特征**：双塔式建筑，一栋采用四器字结构，另一栋则为三器字结构，配双电梯，卫浴开窗。户型善用阳台配置，打造多层次的采光阳台，顶楼有 7 户楼中楼，6 楼以上有远眺的景观视野
5. **景观特点**：25 米的半露天的游泳池、龙门公园、惠顺公园、潮洋环保公园
6. **配套资源**：儿童游戏室、视听剧院、健身房、咖啡吧及图书室

理和建設
建築与詩
ARCHITECTURE & POETRY
龍門一街210-218號

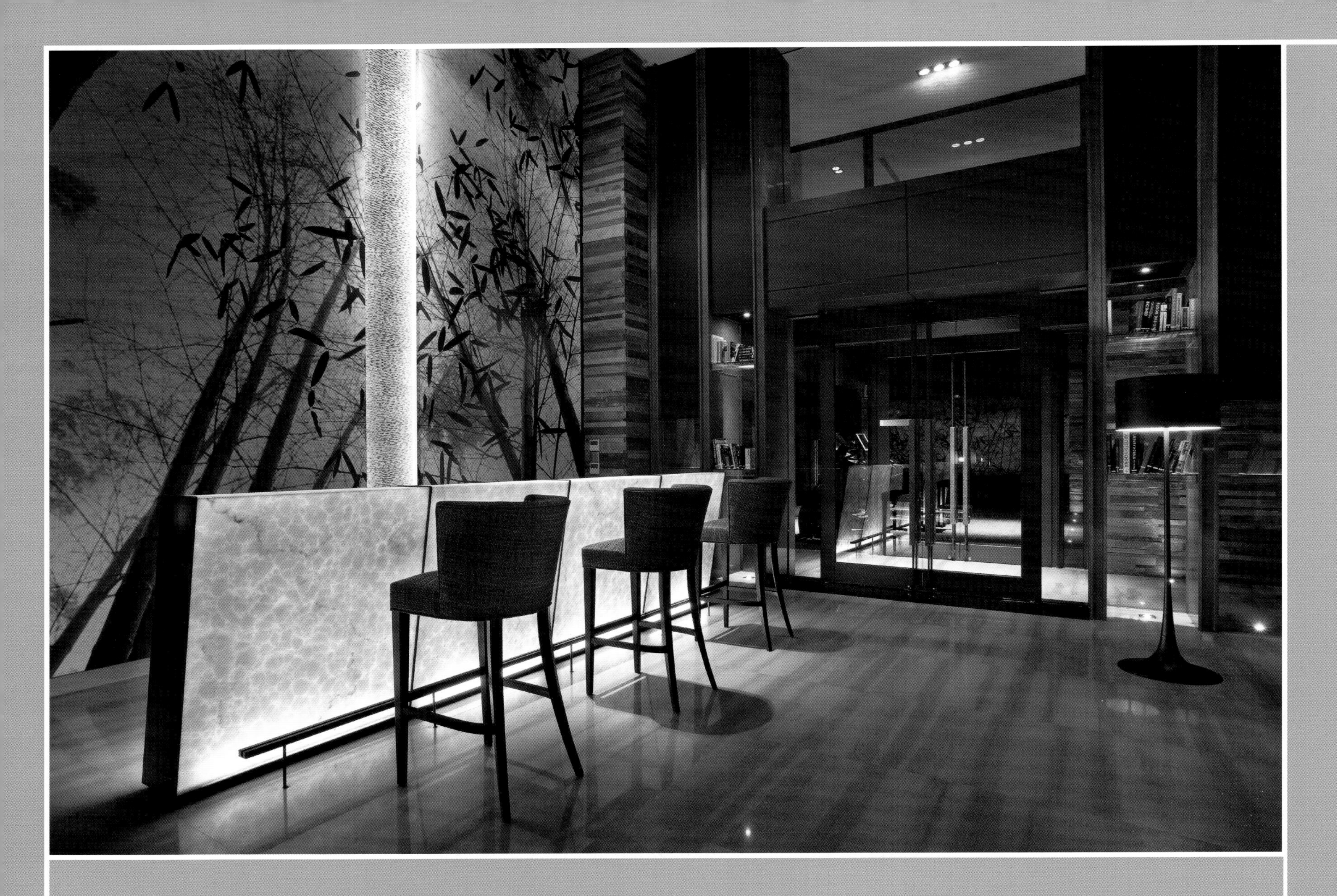

设计说明

本案设计采用多层次与互相借景的空间布置方式，通过玻璃盒般的长廊，各个角落互为衬景，利用日夜不同的光源控制，营造空间的视觉趣味。中庭水池为社区的核心舞台，借由不易跨越的水域，社区与周邻保持一个若有似无的“空气围墙”。夜间，特意减少水庭中的光源，仅保留细水流动的声音，让水庭呈现一块黑域，发光的廊道“隐退”在黑域之后，形成“保护”以及“家的微光意象”。

各个空间之中，依据使用需求配置完整的空间构件，营造真实的空间体验。例如，图书室配置提供各类书籍借阅和简单茶饮等服务的软件。视听室则依据使用者群聚状况配置可自由组合且移动简便的沙发，搭配拥有人性化界面的自动设备控制。所有材料，包括自户外延伸至室内的积层石材墙面、室内地面的石材细纹、玻璃墙框、雨遮板块、油画布的摄影输出墙等，均以长向线形比例，制造一致的肌理，提供完整、隐蔽的空间体验。一如所有艺术所欲探索的主题——“时间”和“存在”，希望通过真实的设计操作，追寻一种“人性化的建筑空间”，为人们的生存处境提供一个可能的解答。

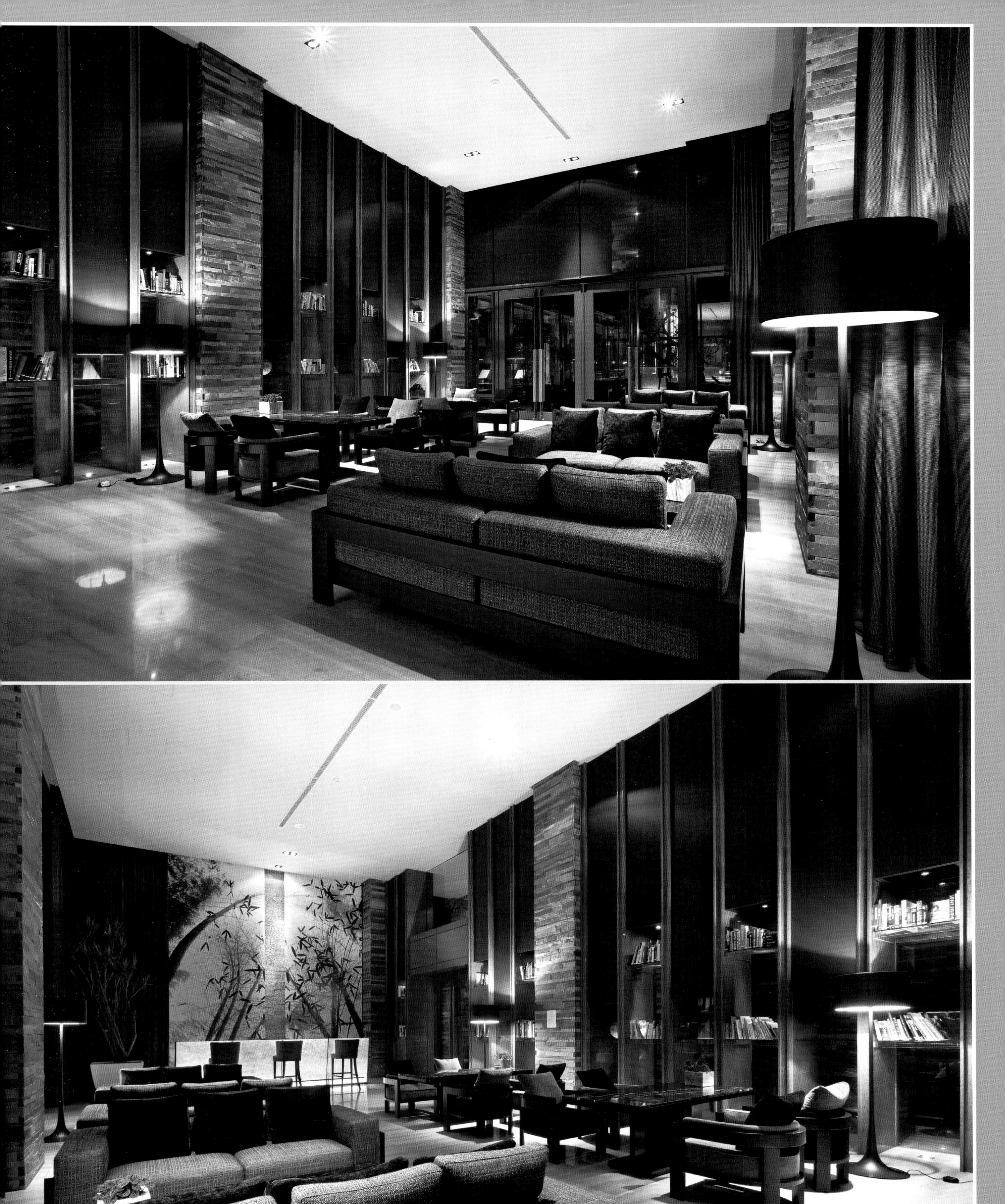

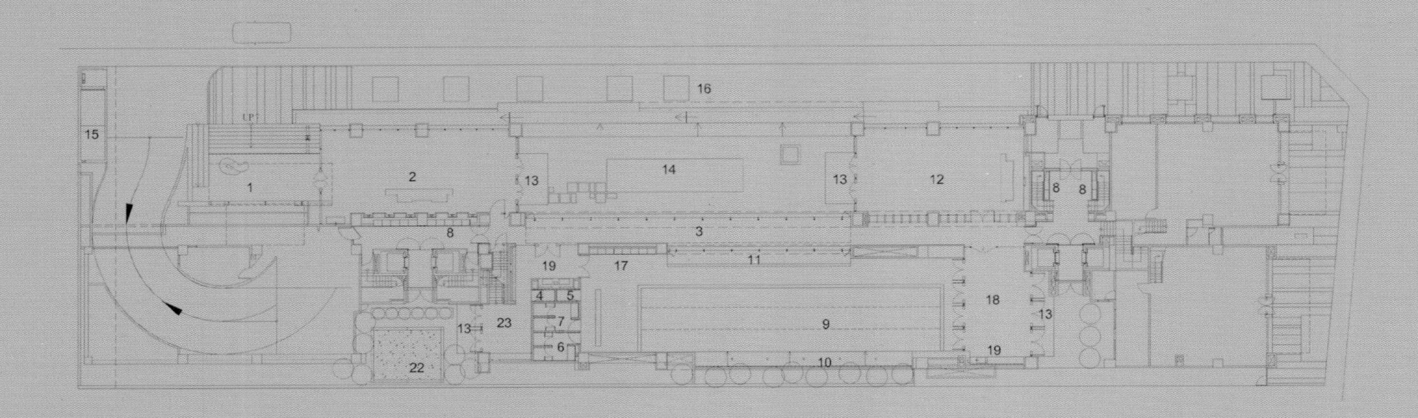

1 入口平台	13 戶外平台
2 接待大廳	14 植栽鏡水池
3 玻璃廊道	15 垃圾處理間
4 洗手間	16 休憩草坪
5 洗手間	17 置物櫃
6 男更衣淋浴間	18 健身房
7 女更衣淋浴間	19 BAR/飲水機
8 住戶信箱	20 視聽劇院
9 25米泳池	21 音控室
10 竹景水瀑	22 兒童遊戲區
11 鏡水池	23 沙發休憩區
12 吧台/圖書休憩區	24 挑空

一层平面图

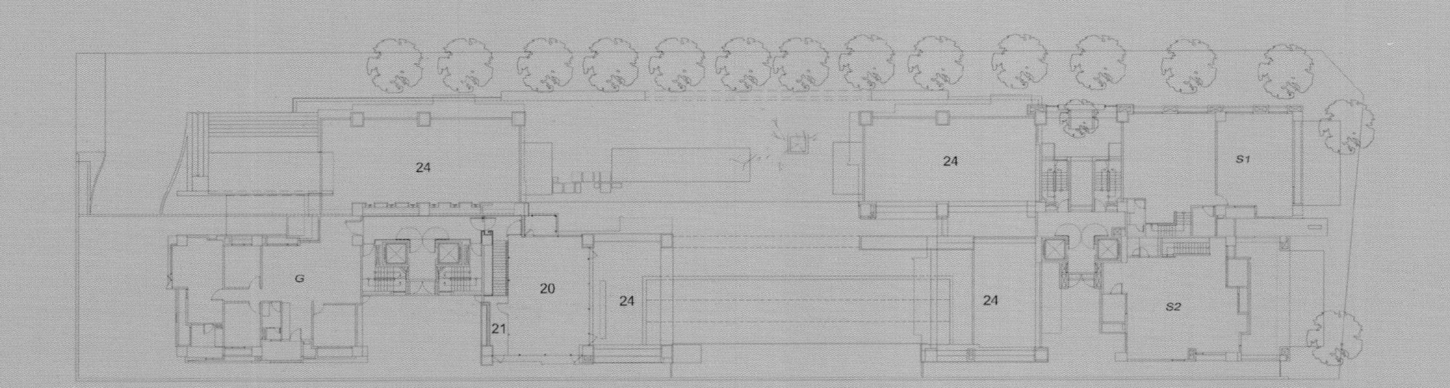

二层平面图

PUBLIC FACILITIES FOR LIANHUA XINYUE

莲花心悦公共空间

设计公司：清奇设计苏静麒建筑室内设计研究所 / 设计师：苏静麒 / 参与设计：纪宪儒、蔡垂耿、詹怀恩、黄皇龙、陈雅涵 / 项目地址：中国台湾省台中市
项目面积：137 平方米（室内面积）、498 平方米（景观面积）、231 平方米（前广场面积）
主要材料：室外材料包括印度黑石、观音石，室内材料包括深金峰、世贸金麻、波莎珍珠白、镀钛金属板、栓木染色、砂岩石雕花墙
摄影师：刘中颖

空间以大幅的镜面装饰墙壁，将窗外的草坪和景观墙引入室内，室内外浑然一体，营造自然、通透的空间氛围。

景观池和景观露台皆铺设了木地板，配以独具特色的“帐篷座椅”，不仅可以营造独具特色的景观氛围，也可以为晚间到此休憩的业主遮挡蚊虫，具有很强的实用性。

在建筑设计方面，顶楼宽敞的屋顶花园以及超大的后阳台设计可以让业主尽览社区景观以及城市夜景，适当的“空间浪费”也可以很好地彰显大气、奢华。

豪宅档案

1. **区位优势**：地处台北市内湖区民权东路六段，坐拥成功路商圈、东湖商圈，周边交通便利，并配有三民中学、丽湖小学等教育设施；此外，其临近约 1 千米长的上、下湾公园，可供散步、慢跑，业主可轻松地享受悠闲、惬意的休闲时光
2. **均价**：48 000~54 000 元 / 平方米
3. **开发商**：莲园建设
4. **建筑特征**：许多空间物件以“叶子”为主题，诸如大厅的叶形吊灯、休息区里的叶形柱和在巴厘岛当地雕刻的叶形植物浮雕等，与窗外的绿景、椰树与水流共同组成令人愉悦的空间意象
5. **建筑形式**：住宅公寓，连栋双拼大楼，共 25 户，包含 12 户店面
6. **户型面积**：207.9~214.5 平方米
7. **景观特点**：空中花园、游泳池
8. **配套设施**：健身房、联谊厅、烧烤区等

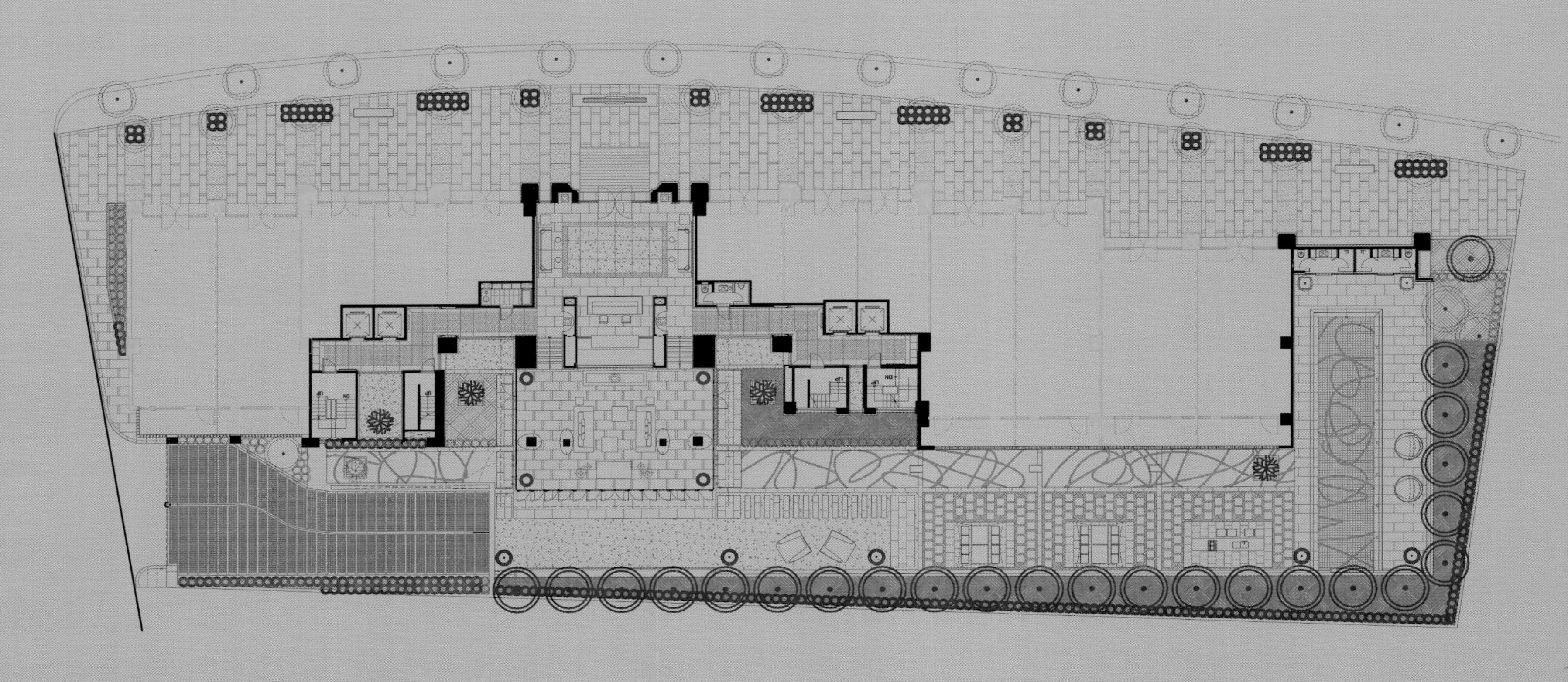

一层平面图

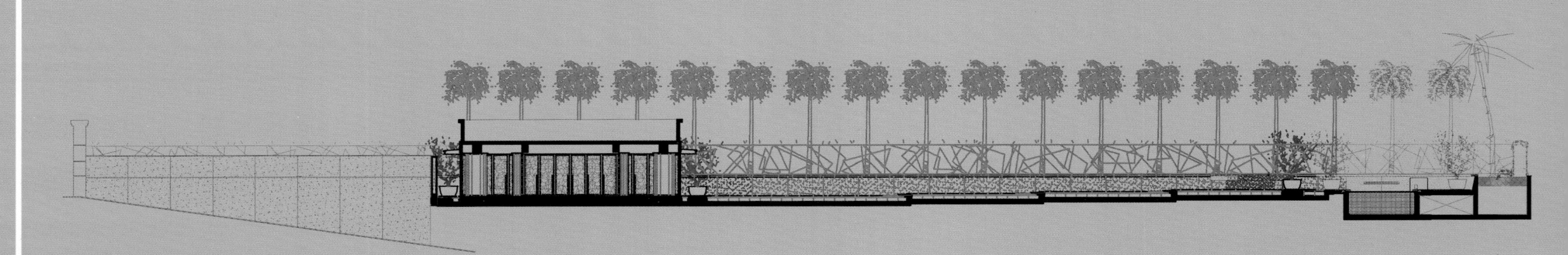

立面图

设计说明

本案设计在塑造休闲的生活意象方面尤为出众，充分利用水、庭、池、景之间的互动与搭配。室内空间注重营造穿透感，通过与户外景致的融合，带给人一种生活于“亭”中的半户外感受。

在材料设定上，以反差制造亮点，灼亮的镀钛金属与巴厘岛砂岩共存同一空间中，为沉静的空间带来些许视觉趣味。

最后，于户外环境中嵌入长长的水与点状的光，于明暗交错与微风水漾浮动间，营造如梦似幻且富有戏剧感的空间氛围。

PUBLIC FACILITIES FOR LIANYUAN KUANZANG

莲园宽藏公共空间

设计公司 :清奇设计苏静麒建筑室内设计研究所 / 设计师 :苏静麒 / 参与设计 :纪宪儒、黄皇龙、张莉宁、张芸珊 / 项目地址 :中国台湾省台中市
项目面积 :686 平方米 (室内面积)，1 732 平方米 (景观面积)
主要材料 :观音石、锈石、新米黄石、柚木 / 摄影师 :刘中颖

沿着 30 米长的主题式中庭花园石阶，慢慢步入通透的玻璃屋，景色如画卷缓缓铺陈开来，宾客可一览四周全景，亦可静观四季变换。透明的空间设计最大限度地发挥了周围景观的作用。

本案的光影设计尤为突出。景观水池中的水清澈、透明，倒映着景观石和景观林木;一颗颗鹅卵石“躺”在池底,看似漫不经心的摆设却自成一景,悠闲自得,表现了设计师的匠心独运。目光所及皆无边界，设计师将有形化于无形，成为这一设计最大的亮点。

豪宅档案

1. **区位优势**: 位于台北市内湖区南京东路六段，紧临 iPark，地理位置优越，交通便利，是台北市东区最后一块稀缺资源
2. **单价**: 34 545~39 394 元 / 平方米
3. **建筑形式**: 豪宅，坐北朝南的高层电梯大楼，附平面车位；采光、通风条件好，TOTO 卫浴；室内风格高雅、时尚、精致；会客室线条简约、色彩清晰且富有层次感
4. **开发商**: 莲园建设
5. **建筑特征**: 美式风格
6. **景观特点**: 42 000 平方米的景观公园、30 米长的主题式中庭花园、多功能玻璃屋、高级酒吧
7. **配套资源**: 紧临内湖量贩店商圈、大润发超市、家乐福超市、COSTCO、健身房

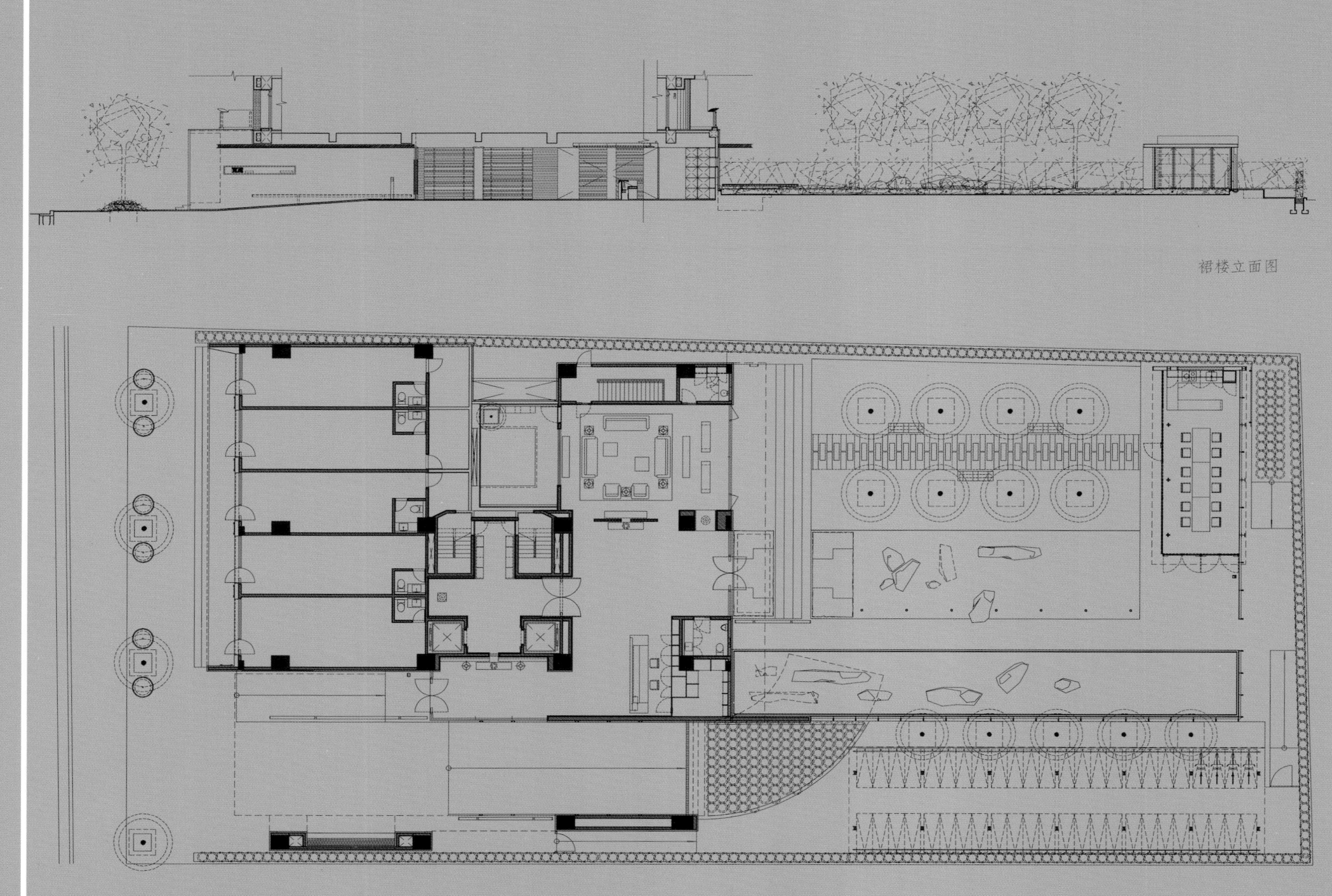

裙楼立面图

一层平面图

设计说明

本案以或水平或垂直的简单线条，以入口压缩逐步加深色系的挤压手法，引导观者进入逐渐光明的透明中段空间，并向开阔、明亮的末端景观借景，最后在一片如古代画卷般的景观中体悟四时的自然交替。

本案曾获2010年台湾室内设计公共空间金奖。当时评审团的评语为：以层叠延展、虚实交错、光影相映的造景设计，凝塑无限的空间边界。

Spain
CONTEMPORARY COLOR DESIGN
LUXURY TOYS

PUBLIC FACILITIES FOR LIHE ORIGINAL VIEW

理和原风景公共空间

设计公司：清奇设计苏静麒建筑室内设计研究所 / 设计师：苏静麒 / 参与设计：谢欣薇、赵焕珍、张群芳、陈雅涵 / 项目地址：中国台湾省台中市
项目面积：1 445.4 平方米（室内面积）、2 343 平方米（景观面积）
主要材料：清水模、观音石、印度黑石、桧木木皮 / 摄影师：刘中颖

走进这个空间，如同进入山水画境之中，偶尔停留于火车道般深邃的大厅长廊中，或驻足于倒映着梦幻灯光的游泳池旁，沉醉其中。本案注重空间意境的营造，处处有景，美不胜收。

本案最大的亮点在于灯光设计。在建筑外立面上，明暗交错的光影绘成树的形状，墙面底部的暗灯在黑夜中与树状的光影交相辉映，组成美妙的夜景。室内以及屋顶花园也安装了各式各样的暗灯，或呈线状，或呈点状，勾勒出美轮美奂的理想居所。

豪宅档案

1. **区位优势**：同时拥有“轨道交通”、“大型公共空间”及“商业区带动”的利好优势，地理位置优越，交通便利，紧临台中市政府大楼、大台中歌剧院，政治、文化氛围浓郁
2. **单价**：17 606~25 109 元 / 平方米
3. **开发商**：理和建设
4. **建筑特征**：以清水模构筑突出于大地的墙与框，好像“古迹”，与其他诙谐的现代材料相混搭
5. **建筑形式**：电梯大楼
6. **户型面积**：204.96~271.08 平方米
7. **景观特点**：游泳池、文心森林公园、潮洋环保公园
8. **配套资源**：内部配套包括圆满剧场生活圈、健身房、阅览室，周边配套包括有 IKEA 商圈、新光三越商圈、黎明小学、黎明小学、医院等

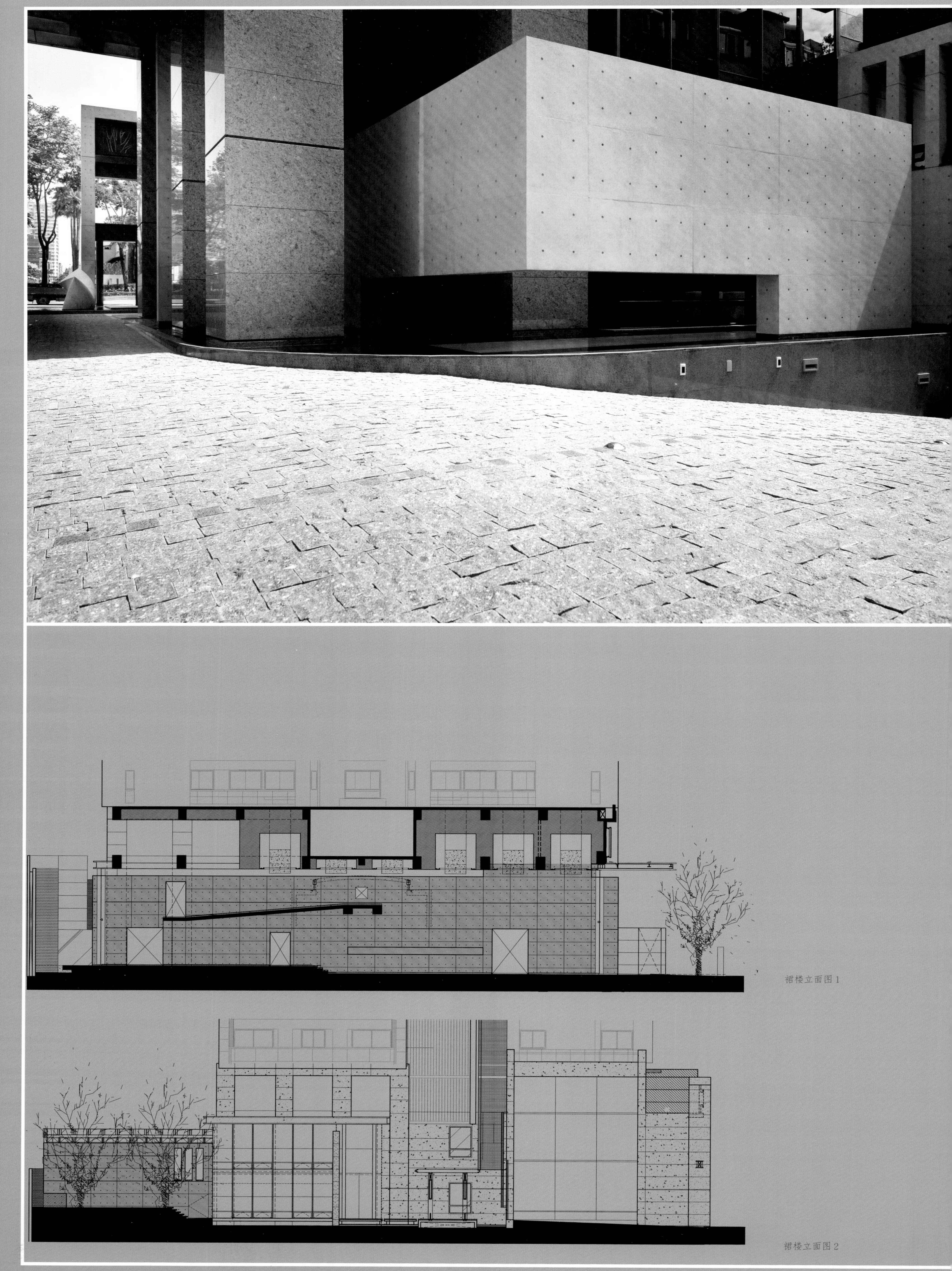

裙楼立面图 1

裙楼立面图 2

设计说明

你是否曾经对某种场景有一种“诉说不出的”、“模糊的”但却是深深的感动？这可能是置身于一座小教堂落叶深深的后院，可能是坐在一座东方建筑下聆听檐下微风拂过而铃铃作响的风铃声，抑或是在初冬的满山迷雾中望见一座小屋冒出缕缕炊烟而弥漫的“满满的幸福感”。这些诉说不清的情绪与场景，其实都是与“存在”相关的意识与情绪所引发的。

建筑空间的存在感

本案接待中心的主结构以清水模施作，以特殊水平遮阳的方式彰显空间的透明与开阔。其他空间也以同样的方式顺势延展。

空间的文学性格

传统中国文人于庭院造景中，将诗情画意凝结于山水画境之中，体悟于生活中的文字与空间之间，便是空间文学性格的表现。

外于形体的设计

设计师在设置空间量体与功能之余，还融入了许多美好的生活意象。这些非形式上的设计，晕染了空间的时光烙印。以下几种场景便是对此番生活意象的空间实践：

1. 如火车轨道的无尽长廊（大厅廊道）；
2. 反影恍恍的水面（一楼围绕在水间）；
3. 如从土地中长出来的感觉（以清水模灌铸的高墙）；
4. 黑夜中的亮光（略为微暗的灯光呈现方式）；
5. 在森林中踽踽独行，听见风吹树梢摩擦的声音（图书室外的樟木林下与屋顶的桂花林间）。

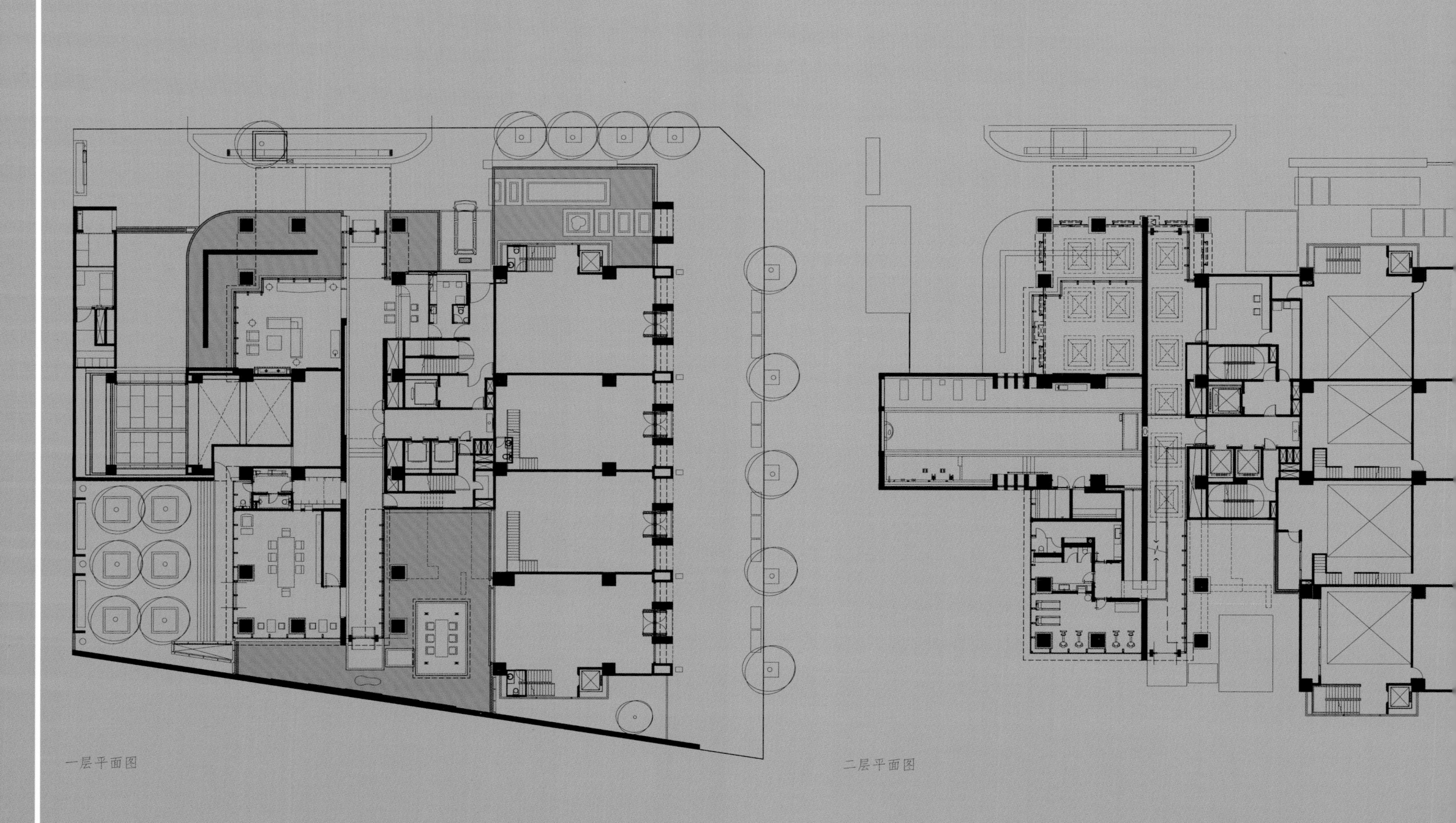

一层平面图

二层平面图

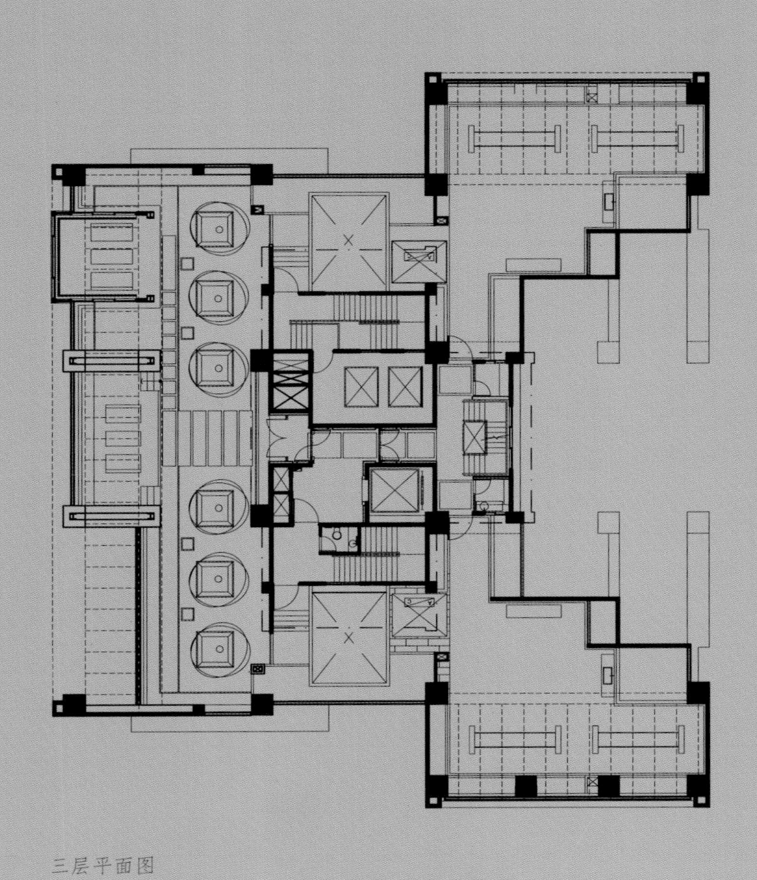

三层平面图

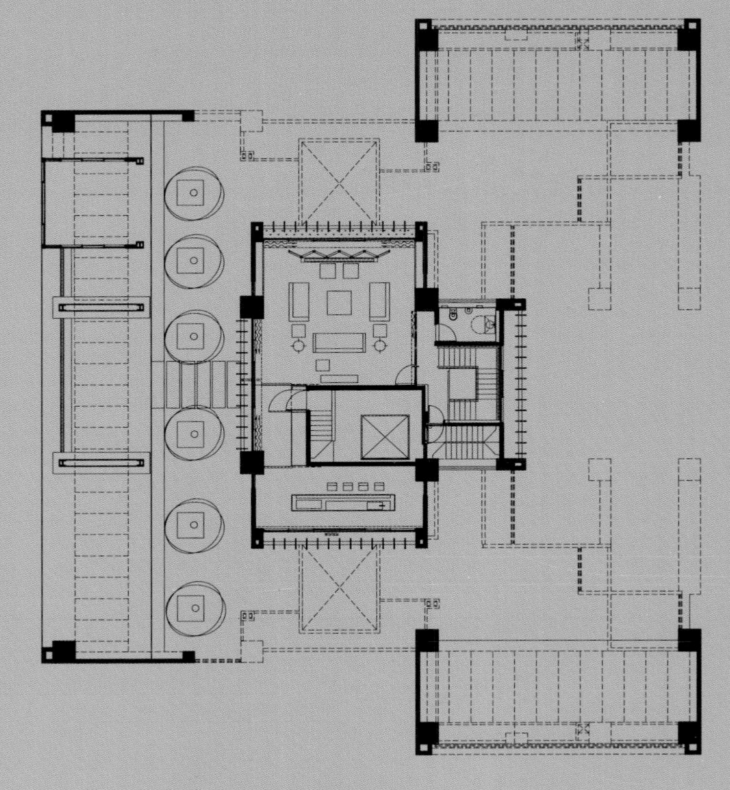

四层平面图

LOBBY FOR BEIJING GLORIA PLAZA HOTEL

北京东升凯莱酒店大堂

设计公司：北京清石建筑设计咨询有限公司 / 设计师：李怡明、吕翔、张真真 / 项目地址：中国北京市 / 项目面积：15 000 平方米
主要材料：澳洲砂岩、橡木、丰镇黑、大理石、玻璃、红木 / 摄影师：高寒

酒店以“紫气东来”的典故为设计引言，完美的设计很好地诠释了其文化内涵。入口门厅以富有层次感的活字印刷字体装饰，使空间弥漫着浓厚的文化气息。而大堂的墙面以整版祥云图案彰显“紫气东来”的主题，配以 21 米长的琉璃前台，瑰丽无比，给人以强烈的视觉震撼。

咖啡区与大堂以隔帘隔开，木质的地板、灰色的草幕，营造了“烟波江上，共话家常”的空间氛围。在这样一个富有诗意的空间中，想必人们的心灵也会格外恬淡和纯粹。

豪宅档案

1. **区位优势**：北京东升凯莱酒店位于海淀区西小口中关村东升科技园，南接五环，西临京藏高速，东靠林萃路，北依西三旗南路，临近地铁 8 号线永泰庄站 C 口，周边环境舒适，交通便利，半小时可抵达首都机场、天安门广场
2. **建筑特征**：中式风格。酒店景观以“老北京鱼盆”为主题，手工紫砂砖的外立面，配以繁星点点的幕墙夜景，尽显东方气韵
3. **建筑形式**：商务型精品酒店（集商务会议、特色客房、高端餐饮、康体娱乐等于一体）。主楼高 6 层，客房总数 103 间（套），独立的电梯入户。设有标准间、大床间、豪华套间、总统套房等各类客房
4. **景观特点**：中心庭院种有 81 棵紫金竹，配以中式风格的园林小品，赋予酒店浓厚的历史文化底蕴
5. **配套资源**：健身房、商务中心、棋牌室、干湿桑拿浴室、卡拉 OK 厅、水疗中心、休闲会所、网球馆、天光无边界恒温泳池、餐饮包房、雪茄吧、红酒屋、影音室、茶室等

GLORIA PLAZA HOTEL
DONG SHENG

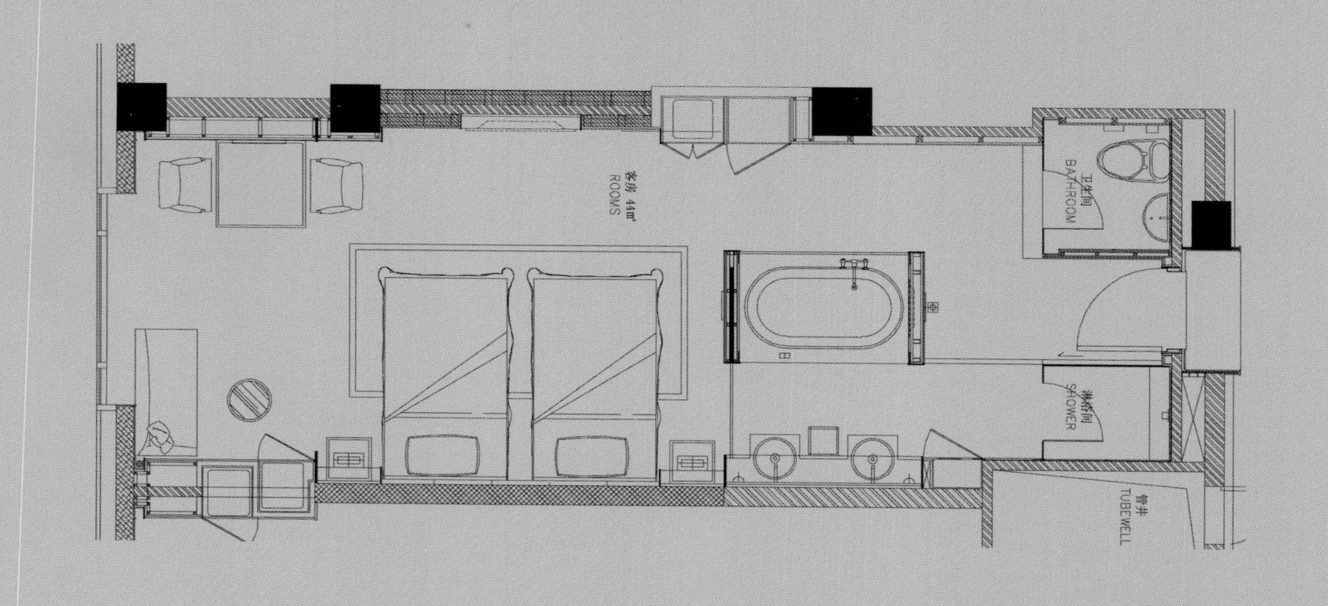

套房平面图

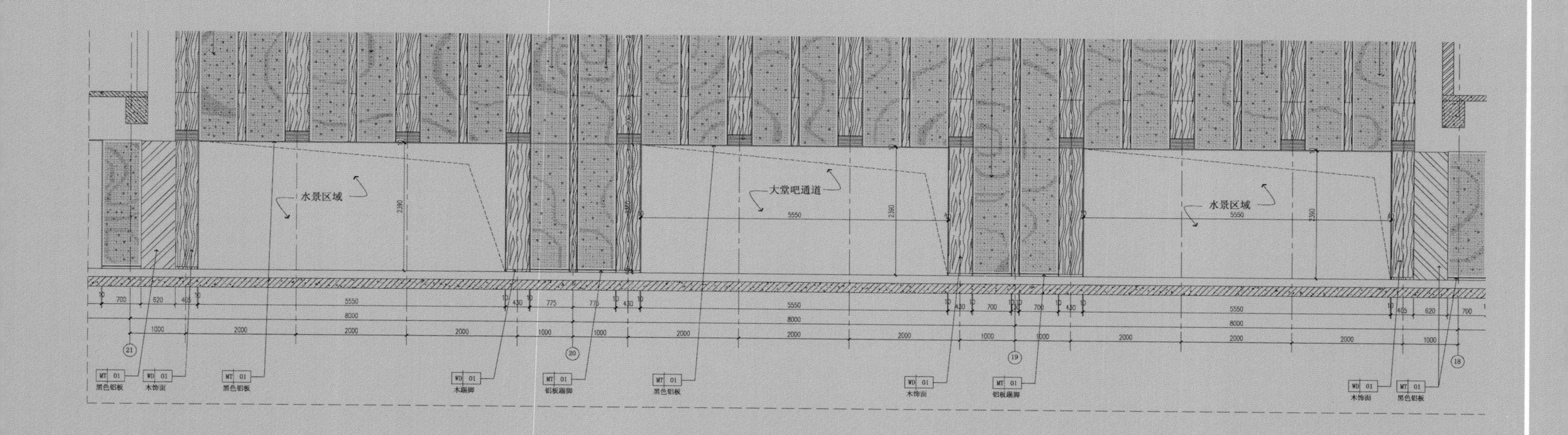

一层立面图

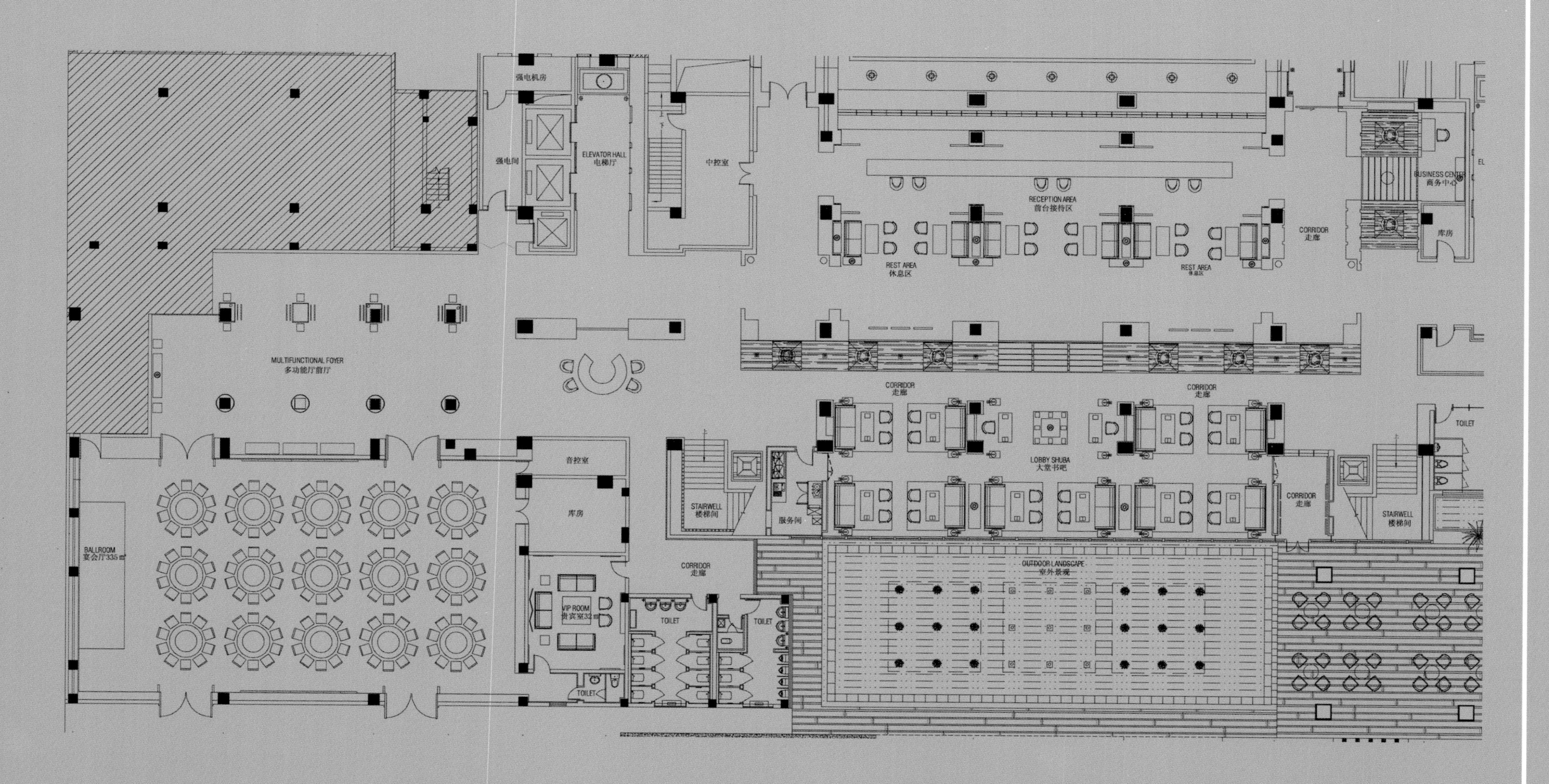

一层平面图

设计说明

本案酒店位于北京市中关村东升科技园内，由原有两栋相距50多米的职工宿舍楼改扩建而成。建筑、景观和室内设计均由园区的总体设计单位——北京清石建筑设计咨询有限公司担纲。酒店景观以“老北京鱼盆”为主题，手工紫砂砖的外立面，配以繁星点点的幕墙夜景，中心庭院的81棵紫金竹，赋予酒店浓厚的历史文化底蕴。酒店以“紫气东来”这个典故为设计引言，一方面契合了东升凯莱酒店的名称，另一方面也着力挖掘这个典故所蕴含的哲学内涵，与京城文化相结合，打造别具一格的酒店环境。

入口处

入口引道两侧以圆中有方的屏风为序列，玄关拆除了原有楼板，挑高为两层，以《道德经》为内容，以活字印刷术为展现载体，将客人的思绪带入老子的“哲思”世界。

大堂

大堂中，21米长的琉璃前台以整版祥云图案装饰，奢华且大气。同时，将室外的老北京鱼盆延伸至室内，伴之以水、鱼、莲，呼应“紫气东来”的主题。咖啡书吧一侧与大堂区隔帘相望，另一侧为室外水井庭院，方正简洁的空间、古朴整齐的陈设，成为一个供客人休息、洽谈的静谧之所。

泳池

泳池被设置在建筑的最顶层，玻璃幕墙的一侧为无边界的泳池。置身泳池，可无遮拦地欣赏园区美景。漫天的星光也可透过采光顶棚一览无遗。开放的健身房与泳池相对，同样可俯览园区的另一侧美景。周到、贴心的设置使客人可以在这里酣畅淋漓地游泳、健身。

客房

客房设计同样出人意料。大床房区由原建筑改造而成，房间内的布局也错落有致，小巧、温馨。舒适的大床搭配人性化的高科技智能控制装置，充分体现了高科技园区酒店的特有品质。

全日制餐厅
多功能厅

POMO LOUNGE

乡林皇居

设计公司：十邑设计工程有限公司 / 设计师：王胜正、姜庆弘 / 项目地址：中国台湾省台中市 / 项目面积：11 570 平方米
摄影师：刘俊杰、沈俐良

设计师在空间设计中注入东方元素并融入山水画的泼墨流动写意，进而形成无限延展的空间格局。本案成功地将泼墨美时尚学引入国际豪宅设计，让泼墨时尚美学之风在设计大潮中无限蔓延。

空间墙壁上的山水壁画，其自然肌理所呈现的诗画般的泼墨山水，浓淡交织的线条，一层又一层地延续着，在广阔的城市天空中，提供了一种全新的空间人文体验。置身其中，宛如漫游在行云流水之中。

挑高的迎宾大厅运用极简的东方元素，引出无限延伸的视野；饱满、通透的采光营造了如梦似幻的东方古典空间，奢华且尊贵。而候客沙发区中，室内、室外动静对话，可全览中庭花园的四季起落，静观日出日落，自在、无拘地享受丰富的居家生活。

豪宅档案

1. **区位优势**：紧临秋红谷公园、十二期环保公园、新光三越大远百货及逢甲夜市，周边环境宜人，生活便利
2. **单价**：15 552 元 / 平方米
3. **建筑形式**：集合型住宅（公寓豪宅）
4. **建筑特征**：古代宫殿风格
5. **户型面积**：332 平方米
6. **景观特点**：莱姆石天柱、天干地支穹顶大灯、巨型迎宾雕塑“天衣”、拥有 1 300 年历史的古柚根、131 只 铜全手工拉丝灯具、32 米的无边际泳池、印度洋大礁石、时尚圈 Bar 水上飘、世界奢华石材大观园、300 米的仿山径悬空跑道、秦皇宫现代泳池、皇玺会馆挑高 Carbon 座椅
7. **配套设施**：千坪水域中庭、东方大厅、面宽 85 米的咖啡吧、健身房、KTV 室、空中酒吧、皇品宴会厅、300 米的社区跑道等

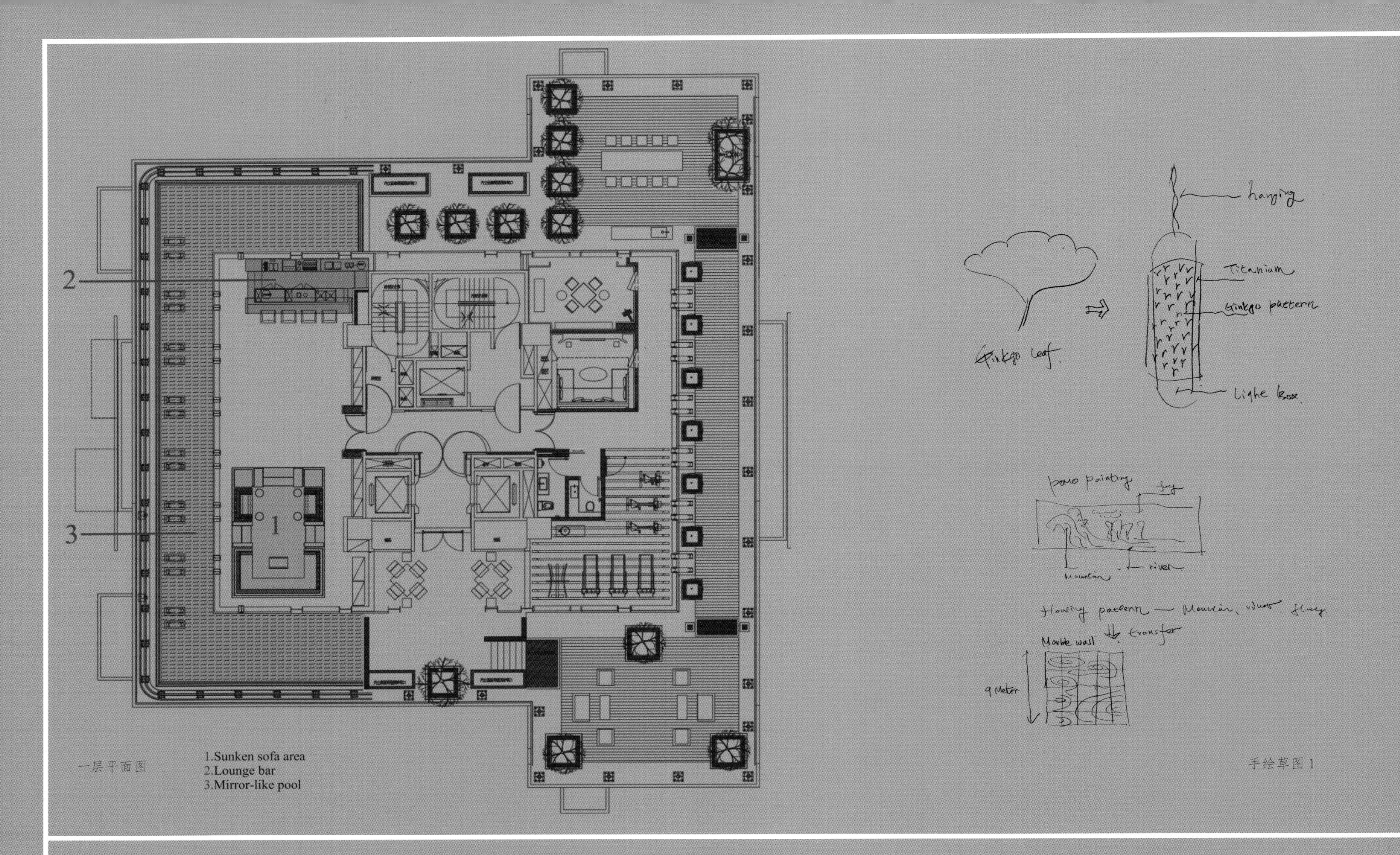

一层平面图

手绘草图 1

设计说明

“POMO”即泼墨，在山水画中为一技法，以水调墨，泼洒在矾纸绢上，然后就墨色的浓淡、墨迹的大小，为山为云，随意点染，而成山水画。山水画为东方艺术的精髓之一，艺术借由泼墨抒发内心的情感，将情感注入画中，而“山川使我为山川言”即其意境。

设计手法

以面模糊边界的艺术手法，缔造了独特的空间。镜面的水与地在无限地延展着。一个浮在水上的玻璃盒，透过山水画中的泼墨将东方元素注入其中，将山水画中“山川使我为山川言”的意境转化为设计元素，洋溢着浓郁的东方文化气息，勾勒出空间特有的情境。镜面水映出空中变化的云，有如画中亦动亦静之景；而地板映出如行云流水般的墙面，成就了流动的空间。

水与东方泼墨相结合，如墨滴入水般渲染流动的空间，利用如镜的地板、如镜的水池，延伸了视觉，模糊了边界，让城市景色一同融入内部空间。运用大量的自然材质，如泼墨般挥洒空间，活跃了视觉焦点。重新将山水意境带入现代休憩空间，在流动中打造休憩的“炕”，降板使流动空间中有了“停留之地”，用“浮岛”的理念将其转化为吧台，如同静水中的“浮岛”。

设计元素——银杏

东方文化历史悠久且源远流长。银杏的寿命很长，可达 3 000 多年。其除了象征“长寿”，也有“调和”之意，也有一别称“公孙树”，以种子繁殖银杏需要 20~30 年才会结果，即祖父种的树，到孙子才能收获。本案以东方千年树——银杏作为“灯具”，以“调和”的序列形式妆点空间。

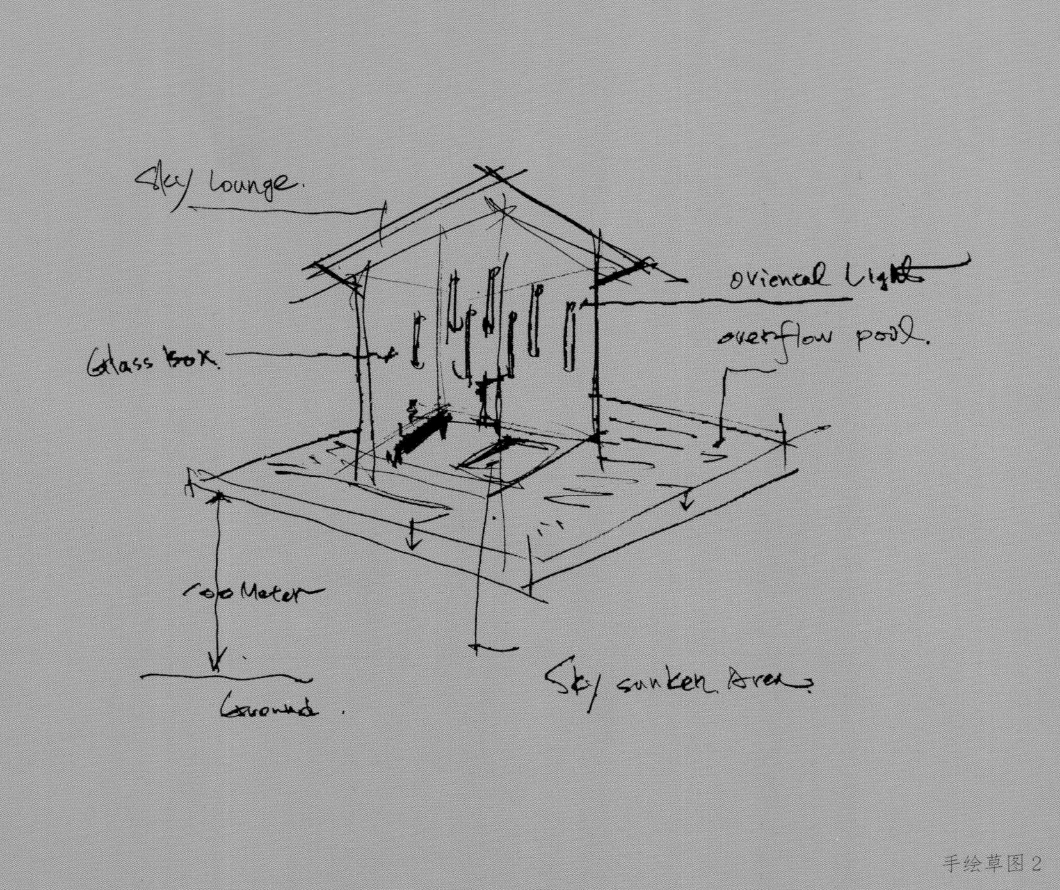
Sky Lounge.
Oriental Lights
overflow pool.
Glass Box.
100 Meter
Ground.
Sky sunken Area.

手绘草图 2

ORIENTAL LOBBY

东方大堂

设计公司：十邑设计工程有限公司 / 设计师：王胜正、姜庆弘 / 项目地址：中国台湾省台中市 / 项目面积：11 570 平方米
摄影师：刘俊杰、沈俐良

大厅采用下沉式设计方式，即在大厅中间设置了北方传统的炕，给人以安定、祥和之感，同时也展现了现代的休闲方式。

室内设计多运用东方元素，将古代乐器——磬和箫转化成大厅吊灯，大气、恢宏；配以木雕和玉石雕塑，空间弥漫着浓郁的文化气息，富有东方气韵。

室内的落地窗将室外的水池以及景观引入室内，浑然一体，丰富空间的同时也带给人更加丰富的视觉感受。

豪宅档案

1. **区位优势**：位于台北市西屯区台湾大道三段 590，临近中港 CBD 新光三越、远东百货、大都会歌剧院，面朝近万坪秋红谷广场，是无可取代的烫金门牌
2. **规模**：建案面积为 11 550 平方米的开阔地块
3. **建筑形式**：集合型住宅（休闲豪宅公寓大楼）
4. **建筑特征**：休闲都会风。“休闲”+“都会”的双重性格成为本案设计的挑战与特色。外观上，面朝中港路的墙面主要以格栅为立面，以曲线的圆棒格栅皮层打造具有“主宰风范”的立面元素
5. **户型面积**：248~858 平方米
6. **景观特点**：莱姆石天柱、天干地支穹顶大灯、巨型迎宾雕塑“天衣”、拥有 1 300 年历史的古柚根、131 只 铜全手工拉丝灯具、32 米的无边际泳池、印度洋大礁石、时尚圈 Bar 水上飘、世界奢华石材大观园、300 米的仿山径悬空跑道、秦皇宫现代泳池、皇玺会馆挑高 Carbon 座椅
7. **配套设施**：千坪水域中庭、东方大厅、面宽 85 米的咖啡吧、健身房、KTV 室、空中酒吧、皇品宴会厅、300 米的社区跑道等

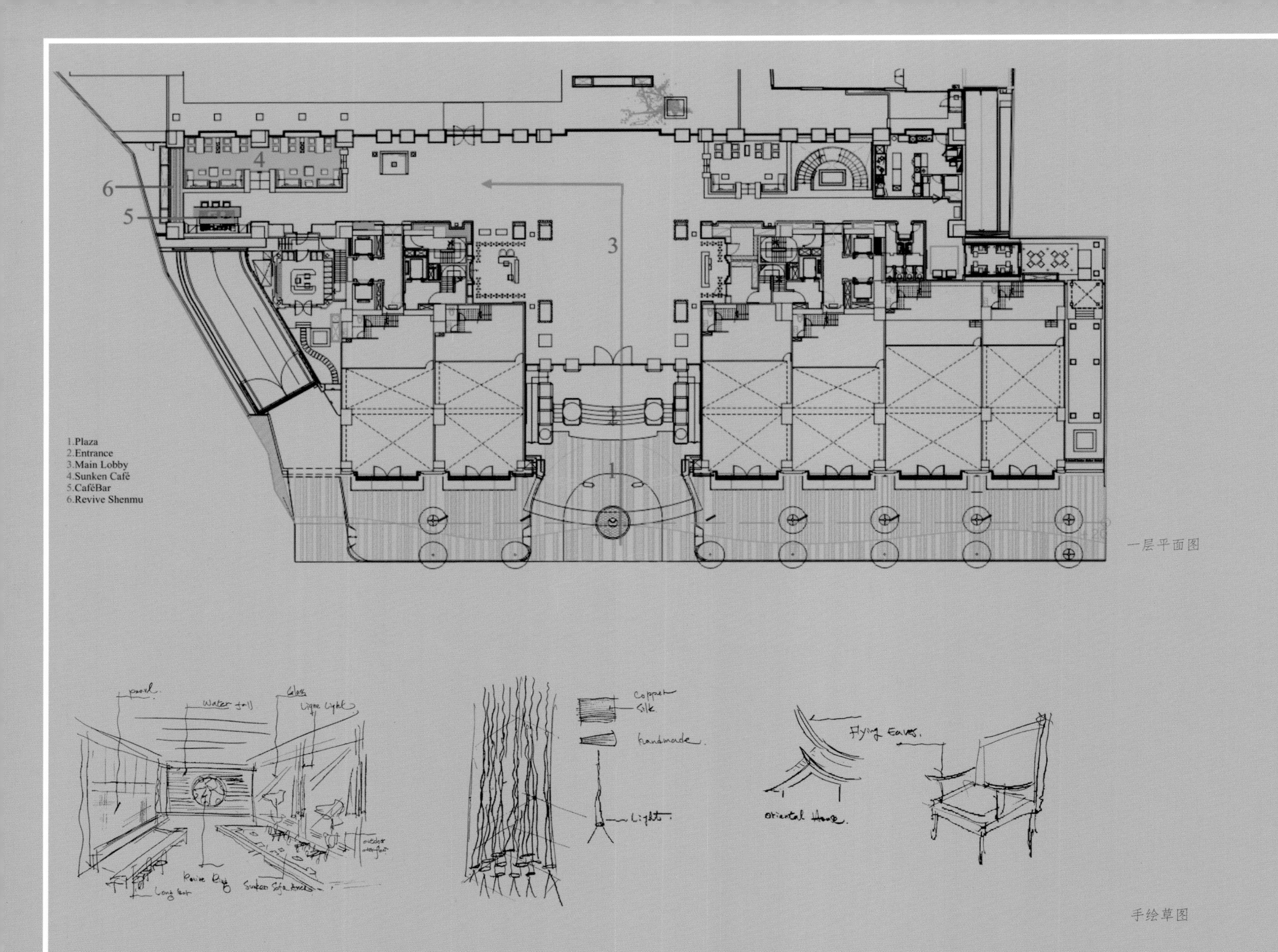
1.Plaza
2.Entrance
3.Main Lobby
4.Sunken Café
5.CaféBar
6.Revive Shenmu

一层平面图

手绘草图

设计说明

"盘根神木"在东方象征"圆满"

拥有1 300年历史的"盘根神木"被注入了东方哲学思想和重生理念，被置于大水墙上。盘根神木为印度尼西亚的千年神木，经历了2011年印度尼西亚爪哇火山爆发，几乎整棵被烧毁，但树根部分却奇迹似的被保存下来。"Revive"——生命的延续与再生，"盘根神木"从国外被运到此地，直径4米，在此重新落地生根。

大厅为高8米、宽10米、深65米之极具长轴方向性的长形空间。为了使人获得安定感，设计师融入中国北方传统元素——炕，并设置降板休息区。同时，将视觉延伸至玻璃落地窗外的景观水池区，模糊了室内外边界，使人与大自然能够进行和谐、自由的对话。

空间细部——东方元素

将古代乐器——磬和箫转化成大厅吊灯，无声地迎接归来的人；在空间内置入东方元素——玉器、后冠、飞檐。

LOBBY FOR SHENZHEN VANKE GODEN QINYUAN

深圳万科金色沁园入户大堂

设计公司：深圳市昊泽空间设计有限公司 / 设计师：韩松 / 项目地址：中国广东省深圳市 / 项目面积：170 平方米

屏风的巧妙运用给本案增添了亮丽的一笔。入口处，墙面以屏风和石材拼接，令人耳目一新；透过镂空的金色屏风，室内景象隐约可见，极具一种先声夺人的神秘感。休息区同样以半透明的屏风区隔开内外空间，而春色却漫过窗檐"跑"进室内，临窗而坐，窗外的景色触手可及，置身室内却如同在森林中，令人身心愉悦。入口处以米黄色石材铺装，休息区以黑色石材铺装，以色彩将两个空间自然区分，同时主墙面和地面的线条相互呼应，形成和谐的韵律，配以层次丰富的水晶吊灯，在有限的空间里营造了温馨而清雅的氛围。

豪宅档案

1. **区位优势**：万科金色沁园是万科地产在深圳市龙岗中心打造的首个都市精品项目，其地处龙城中心"龙岗香蜜湖"，是龙城罕有的低密度精品社区，坐拥天安数码城商圈，紧邻地铁 3 号线龙城广场站。此外，周边教育、医疗、文体等生活配套齐全，生活方便、快捷
2. **价格**：14 500~20 000 元 / 平方米
3. **物业**：深圳市万科物业服务有限公司
4. **容积率**：1.8
5. **绿化率**：56%
6. **景观特点**：泰式园林风格与休闲体验需求相融合，包括约 30 000 平方米的皇家泰式立体园林、泰式风情的雕塑小品、多种名贵的热带树种、下沉式水疗泳池、造型独特的休闲凉亭与漫步小道
7. **配套资源**：市政公园、余石岭公园、天虹商场、岁宝百货、中国银行、龙岗人民医院、幼儿园、实验小学、龙岗广播电视大学等

已使用

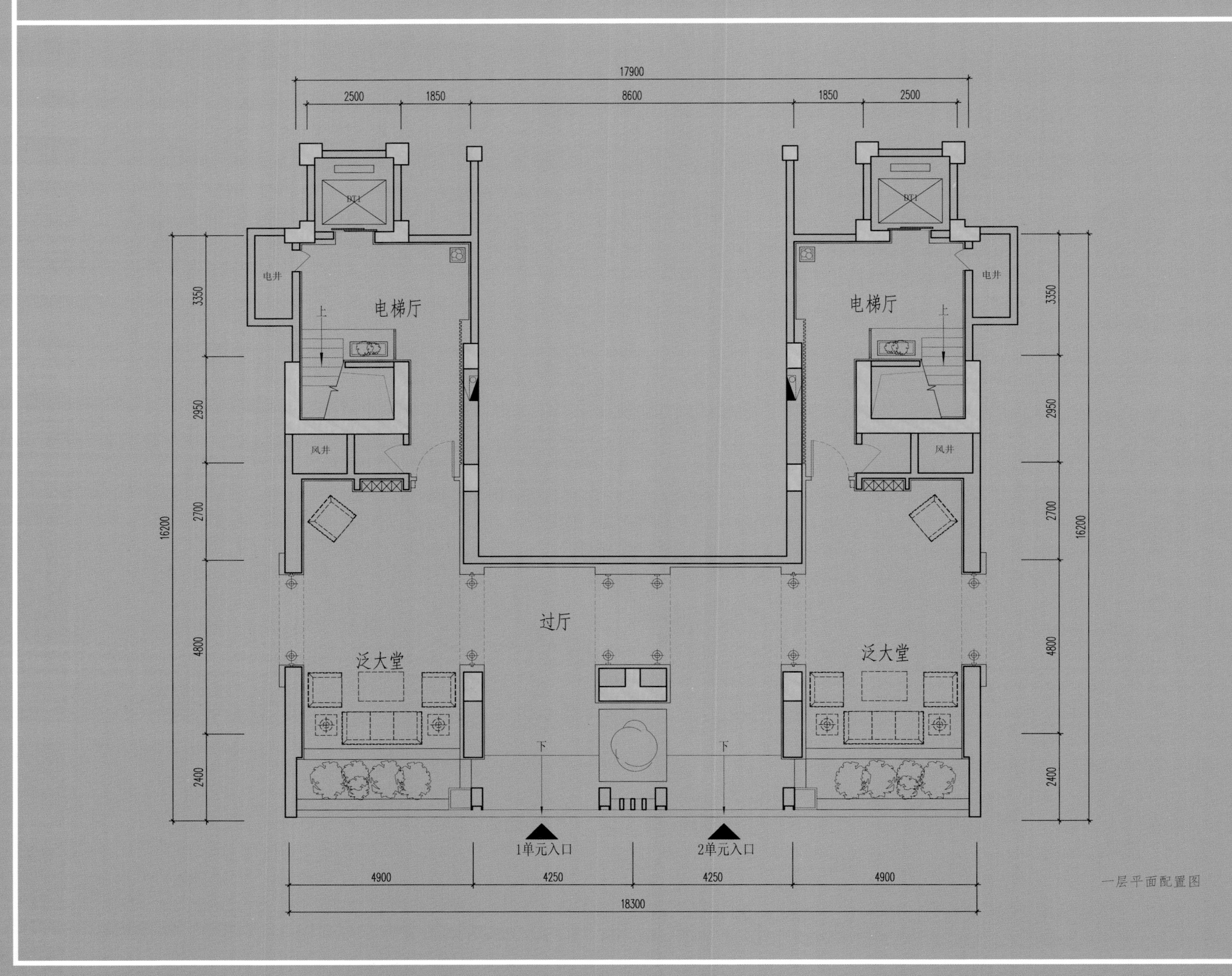
17900
2500
1850
8600
1850
2500
电井
电梯厅
上
3350
2950
风井
2700
16200
过厅
4800
泛大堂
泛大堂
下
下
2400
1单元入口
2单元入口
4900
4250
4250
4900
18300

一层平面配置图

设计说明

概述：大堂空间既封闭又开放。人性化的活动空间，花园式的景观设计，把人们引向休闲、惬意的生活情境。设计师运用自然过渡、半透隔断、视觉延伸等手法将室外景观引入其中，提供了处处有景、移步换景的视觉体验。

入口：采用左右对称的双通道出入口设计，中间的墙面嵌入屏风，不仅有了视觉中心，也增强了仪式感。人造光与自然光互相补充，射灯、壁灯、暗藏灯相互结合。主墙面和地面运用模数的转换，采用错拼的方式，使原本普通的材料产生丰富的视觉效果。走廊墙面利用镜面将室外景观延伸至室内，满足了走廊视觉开阔的实用需求。原本不大的空间层层递进，将一面普通的墙面展现得精致有加。

休息区：大堂内部提供一个让人放松、休闲的场所，休息区临窗而设，采用三道半透的屏风区隔内外空间。人坐在休息区中，能够呼吸新鲜的空气，放松疲惫的身心。以材料的变化划分空间的功能，休息区以黑色石材与出入口进行区分，使人感觉到明显的空间转换。空间和家具采用左右对称的格局，从而展现视觉平衡之美，于自然、古朴中提供精神与物质的双重享受。

LOBBY FOR ZHUHAI JIAYUAN CENTURY HOTEL

珠海嘉远世纪酒店大堂

设计公司：珠海杨佴环境艺术设计有限公司 / 设计师：杨佴 / 项目地址：中国广东省珠海市 / 项目面积：13 000 平方米
主要材料：实木、石材、水泥翻制 / 摄影师：曾召光

酒店大堂的设计很好地彰显出酒店的主题。其上层为中式木结构造型的屏风墙，下部则是艺术柱廊及鼓形玻璃。天花板以具有张力的鼓形玻璃体作为主题，具有强烈的视觉冲击力和浓郁的艺术气息。

西餐厅是西式用餐环境，它的设计具有现代时尚感，借助鼓形玻璃的共生资源，在现代时尚中和谐地融入传统文化元素。

中餐厅及包房的设计为现代中式风格。客房墙壁上画有水墨画，餐厅包房的墙壁上画有漆画，走廊两边的墙壁上挂着各种高仿画，宴会厅还是大师级绘画作品的汇集之所，这些无不体现了设计师缜密的构思和独特的布局。

豪宅档案

1. **区位优势:** 坐拥拱北商圈，地理位置十分优越，交通便利；临近梦幻水城和圆明新园，周边环境宜人
2. **建筑形式:** 艺术型精品酒店。主楼高 13 层，客房总数 113 间（套）
3. **建筑特征:** 古典与现代风格相结合
4. **景观特点:** 多功能花园天台
5. **配套资源:** 香洲区人民医院、板樟山森林公园、拱北商圈、莲花步行街等

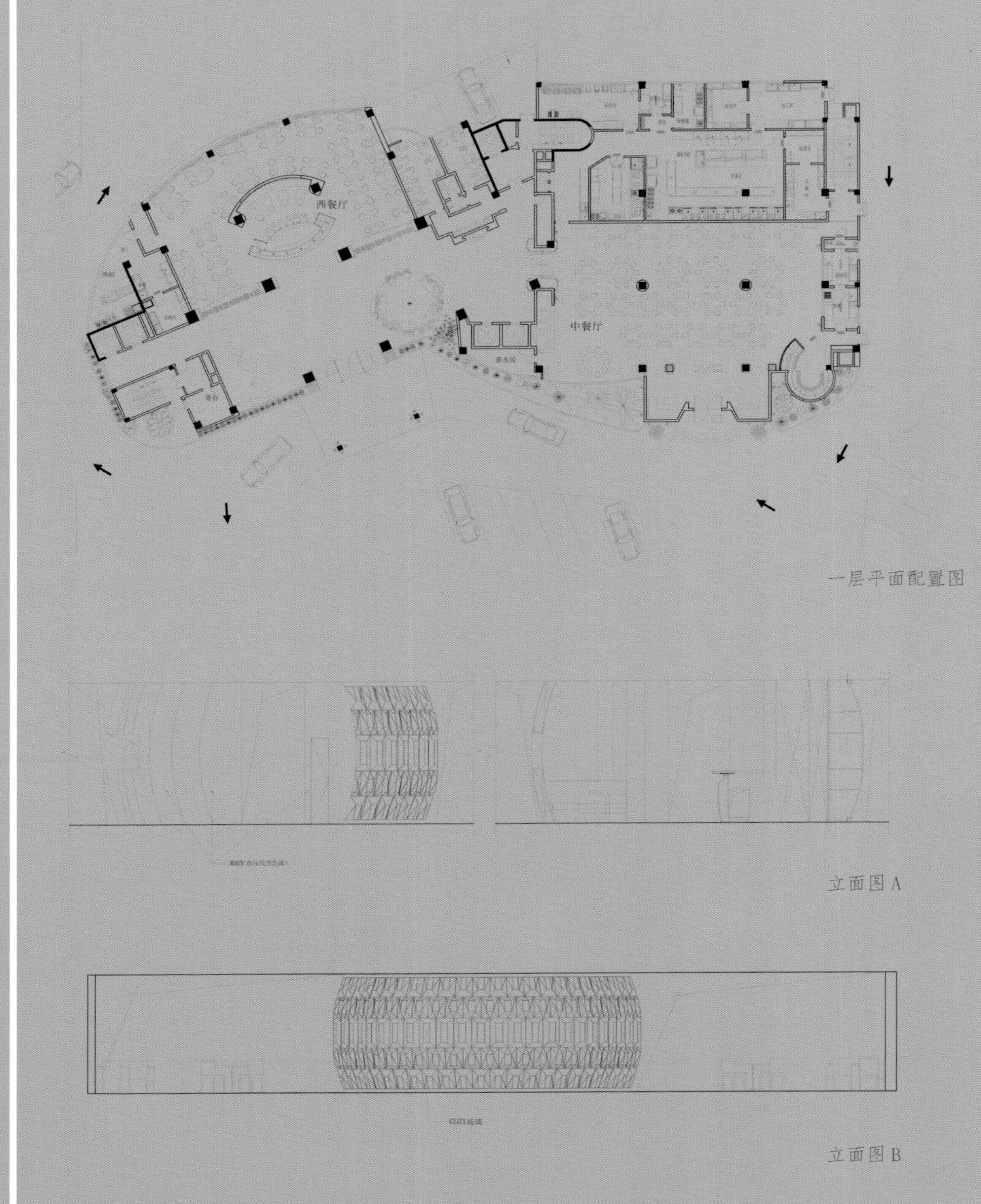

一层平面配置图

立面图 1

立面图 A

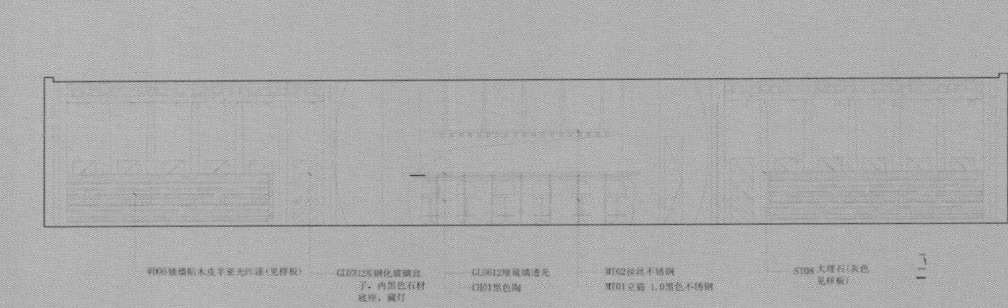

立面图 2

立面图 B

设计说明

嘉远世纪酒店，坐落于美丽的海滨城市——珠海，作为艺术主题酒店，酒店大堂设计着重突出其个性及艺术夸张性。设计师秉承“让艺术走进生活”的设计理念，依据“以艺术融入酒店，用酒店感触艺术”的设计原则，将古典与现代完美融合，运用现代简约的构成形式，与传统中式文化元素相结合，彰显具有包容性的多元化现代风格特色，既展现了当下的简约之风，又在简约中蕴含了厚重的传统中式文化元素；对于时间内涵的思考，所求乃永恒之美。

酒店大堂为两层架空的长方形空间，进门正对是形象主题的立面，上部为中式木结构造型的屏风墙，下部则是艺术柱廊及鼓形玻璃，艺术柱廊分列在鼓形玻璃的两侧，中式观赏瓷器陈列其中。

大堂

在空间构成上，大堂打破了约定俗成的天花板设计模式，传统的天花板围绕吊灯来表现。而该大堂以具有张力的鼓形玻璃体作为主题。鼓形玻璃的构思来源于中国传统乐器——鼓，但这面鼓表现的并不是远古的乐音，而是江南园林的纤巧窗棂、钻石切割面的华丽转身，玻璃中间还夹着水墨国画的丝纱，它与鼓相结合，寓意深远，足以超越吊灯的表现力，在表达形式和处理手法上，更是智慧和艺术的体现。

大堂的上空位置——主题形象立面的上部，木结构造型的屏风墙成为空间焦点，背后的中式包房也能够借此景观屏风。在用材及构造上，用实木以斗拱和“几”字形交错搭接，部分实木贴上金箔，具有现代结构感的槽钢穿插其中，展现矛盾的对比与逻辑构造之美。虽然是现代构成的形象主题，但其结构中也蕴含中式情节。连续的“几”字形（亦可称“万”字形）加上斗拱的装饰，令人浮想联翩。

西餐厅

西餐厅是西式用餐环境，它的设计具有现代时尚感，借助鼓形玻璃的共生资源，在现代时尚中和谐地融入传统文化元素。餐厅为规整的长方形空间，以接近入口处为中心，放置占此空间三分之一的鼓，与大堂共享，亦使西餐区成为巨大的弧形空间，令空间跳跃着动感的韵律，丰富了人们的视觉。在鼓体的中心位置，形成独立的吧区。餐厅的总体空间以灰色调为主，安静、舒适，鼓采用汉代的深色漆器工艺做饰面，沉稳、暗黑的色彩结合光滑的弧面，加上其间透出的些许红褐色肌理，斑驳迷离，折射出对汉文化的追思与遐想。

中餐厅

中餐厅及包房的设计为现代中式风格。在结合实际功能需求的基础上，多倾向于汉、唐、宋、清的皇室元素，在明确与丰富各个独立空间主题的同时，也意在提升酒店的品位。

艺术会所

五楼为艺术会所，其中有画廊、酒吧与多功能花园天台等。客人在画廊赏画的同时，亦可享受酒吧服务，体验文化休闲的暇光。

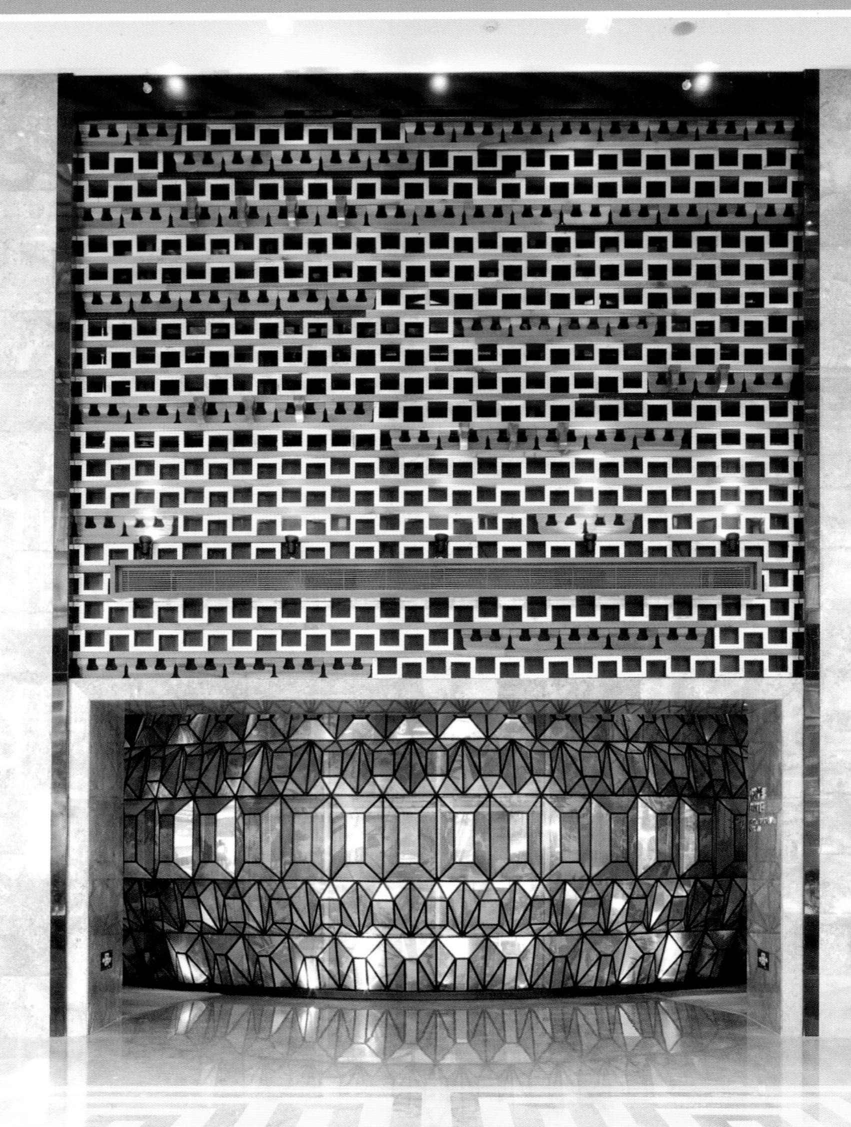

雲峰畫苑展示中心
WAN FUNG ART GALLERY EXHIBITION CENTER
嘉远艺术会所
FORTUNE ART SALON

SIMPLE, DELIC
UNIQUE MOI

ATE AND ERN BEAUTY

简约、精致，别具一格的现代之美

LOBBY FOR NANNING HUARUN XINGFULI

南宁华润幸福里入户大堂

设计公司：深圳市朗联设计顾问有限公司 / 设计师：秦岳明 / 项目地址：中国广西壮族自治区南宁市 / 项目面积：360 平方米
主要材料：茶色不锈钢、米黄石材 、沙漠风石材、深啡网石材、球纹桃花芯木饰面 / 摄影师：井旭峰

本案处处洋溢着雍容华贵的气息，尽显尊贵的品质。大堂的天花板最让人印象深刻。欧式花纹绽放在天花板上，蓝色的“星光”璀璨夺目，铺陈开来，使人仿佛置身于星空夜色之中，给人以无限的遐想。

地面的纹理与梦幻的天花板交相辉映，将大堂空间的恢宏大气、浪漫优雅演绎得淋漓尽致。与此同时，地面的纹理也起到了“指示牌”的作用，沿着纹饰的伸展，尽头便是上下楼的直梯。自古鱼和熊掌不可兼得，而这一设计却能够同时兼顾实用和美观，充分体现了设计师的高明之处。

豪宅档案

1. **区位优势：** 地处南宁市青秀民族大道 136 号
2. **开发商：** 华润置地（南宁）有限公司
3. **建筑形式：** 住宅
4. **容积率：** 3.0
5. **绿化率：** 30%
6. **配套资源：** 万象城购物中心、华润大厦、五星级酒店

设计说明

本案位于南宁市商务核心区，是拥享顶级商业配套的幸福里社区入户大堂。大堂墙体采用玻璃结构，视觉的延伸扩张了空间面积，目光所及之池水绿地，幽静而惬意。

休息区就沿着这样的景致被设置在墙周，暖色的皮质沙发、简约的茶几造型，作为业主小憩或约访外客的场所，不甚理想。接待台后是以幸福里LOGO作为纹路的木格栅，看似低调却于细节之处彰显出品牌的尊贵品质。欧式花纹经现代方式重新演绎，与天花板、地面交相辉映，奠定了空间典雅的基调。而华光璀璨的水晶吊灯，配以蓝绿相间的天花饰灯，弥漫着恍若星空的浪漫气息。地面的纹路，亦是归家的指引，沿着纹饰的伸展，尽头便是上下楼的直梯。归家之人穿过此番温馨与明亮行至此处，卸下外面世界的烦扰与负担，携着温暖、体贴的慰藉步入家门。

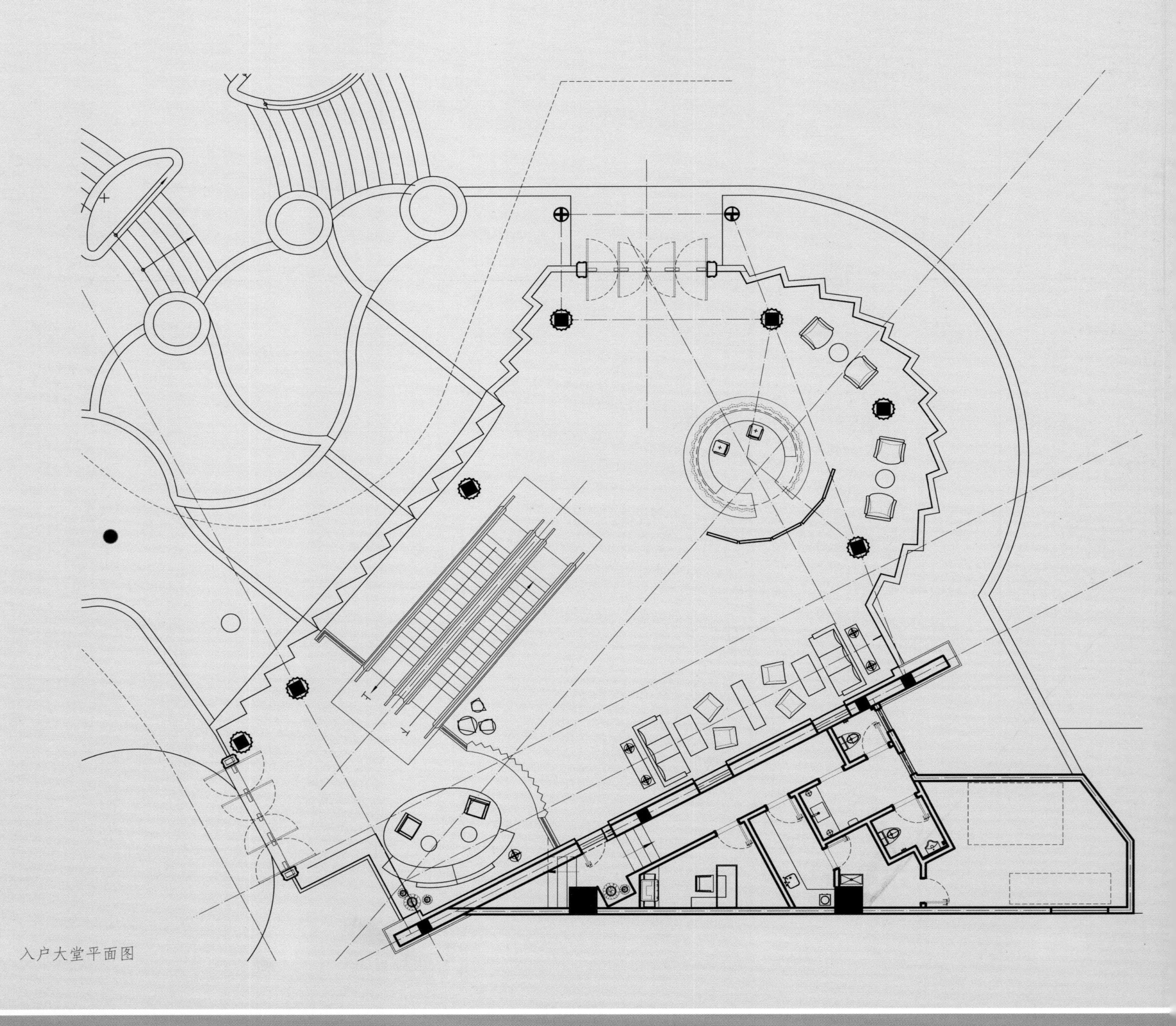

入户大堂平面图

XXXIX BY SANSIRI

XXXIX by Sansiri

设计公司：DWP / 客户：上思睿房地产公司 / 项目地址：泰国曼谷市 / 项目面积：24 756 平方米
主要材料：砂岩、青铜石、石头、瓷砖、铝 / 摄影师：DWP

大堂外立面主要选用青铜色石材，并以金色的铝材做饰面，尽显雍容华贵。精心挑选的家具极具时尚、别致的阿玛尼与宝格丽气质，彰显意式城市风范。空间具有良好的室内通风条件和充足的自然采光，同时极具审美情趣。设计师希望能够实现室内外空间的柔和过渡。

豪宅档案

1. **区位优势**：位于曼谷市中心地带
2. **总建筑面积**：约 24 756 平方米（34 层，178 个住宅单元）
3. **开发商**：Sansiri
4. **建筑形式**：豪华公寓
5. **建筑特征**：当代米兰风格
6. **景观特点**：美妙的景观设计与居民的生活需求完美融合，比如停车场被巧妙地隐藏在漂亮的石头外立面以及装饰格栅的后面
7. **配套设施**：大堂酒廊、收发室、盥洗室、居民的车辆门道、大型游泳池、下沉式长椅、水流（热水与冷水）按摩浴缸、健身中心、两层高的图书馆

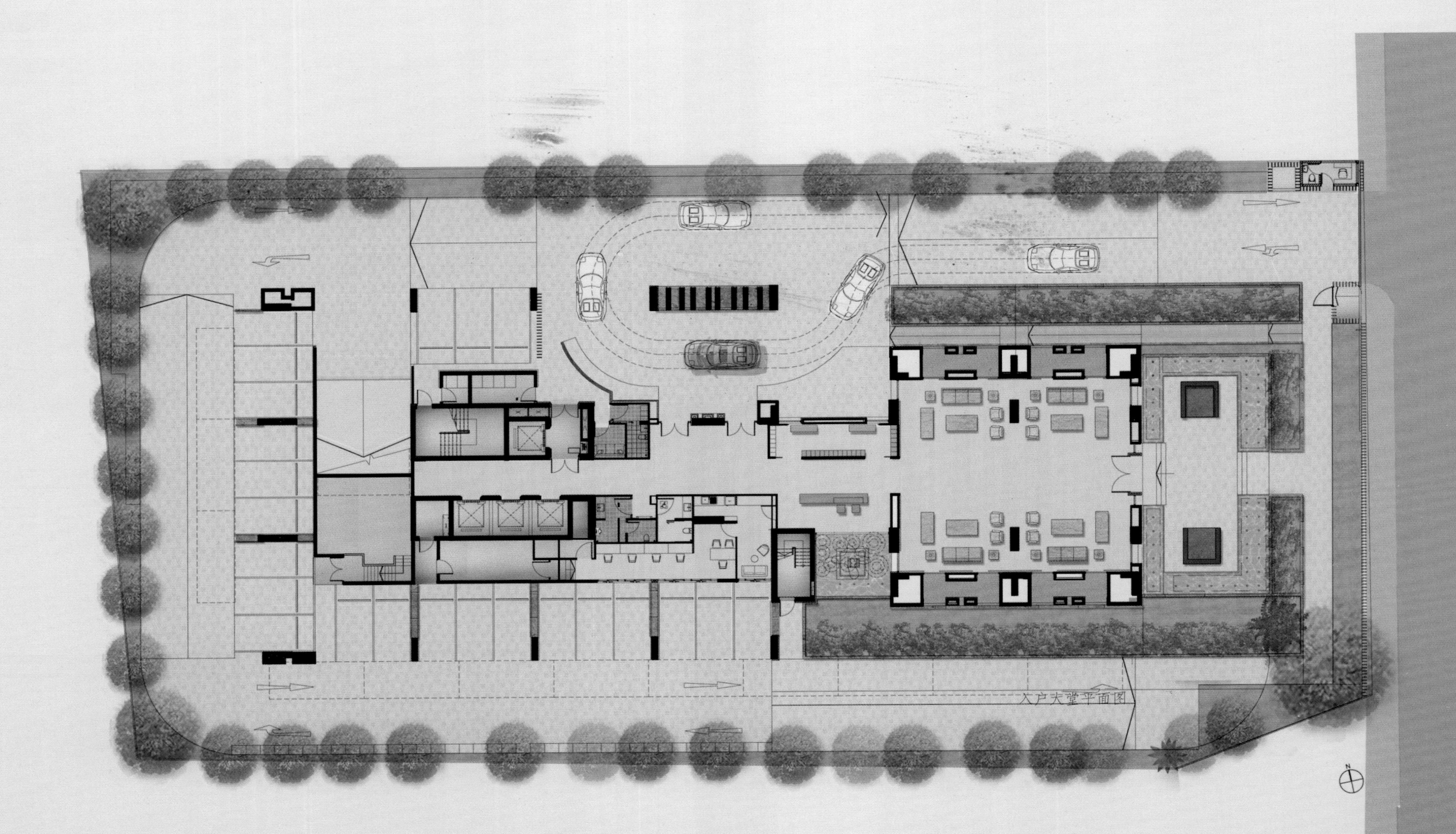

1层平面图

设计说明

为打造一座全新且富有创意的综合型公寓，经验丰富的开发商再次将目光投向世界顶级的建筑和室内设计公司 DWP（全球设计伙伴公司）。开发商要打造为一栋结构独特的建筑，以求在热闹的曼谷市素坤逸区核心地段注入标新立异的建筑语汇。

DWP 倡导简约、现代的生活方式，开创了当代城市生活的设计典范，其设计历久弥新、经久不衰。这栋公寓楼共 34 层，包括 178 套住宅单元、一处大厅、一处接待处、多层车库、一个游泳池、露台、一家健身中心。此外，公寓楼还配备了完善的公共设施（比如：蒸汽浴室等）。

由于这幢楼处于市中心，于是要求建筑结构紧凑，功能齐全，并能满足奢华生活的需要。DWP 为此设计了一个典型的对称轴结构，其造型优美，并且具有良好的通风条件和采光效果。设计师们希望能保证公寓内、外部空间的自然过渡。此外，这幢楼的室内装修也由 DWP 全权负责。

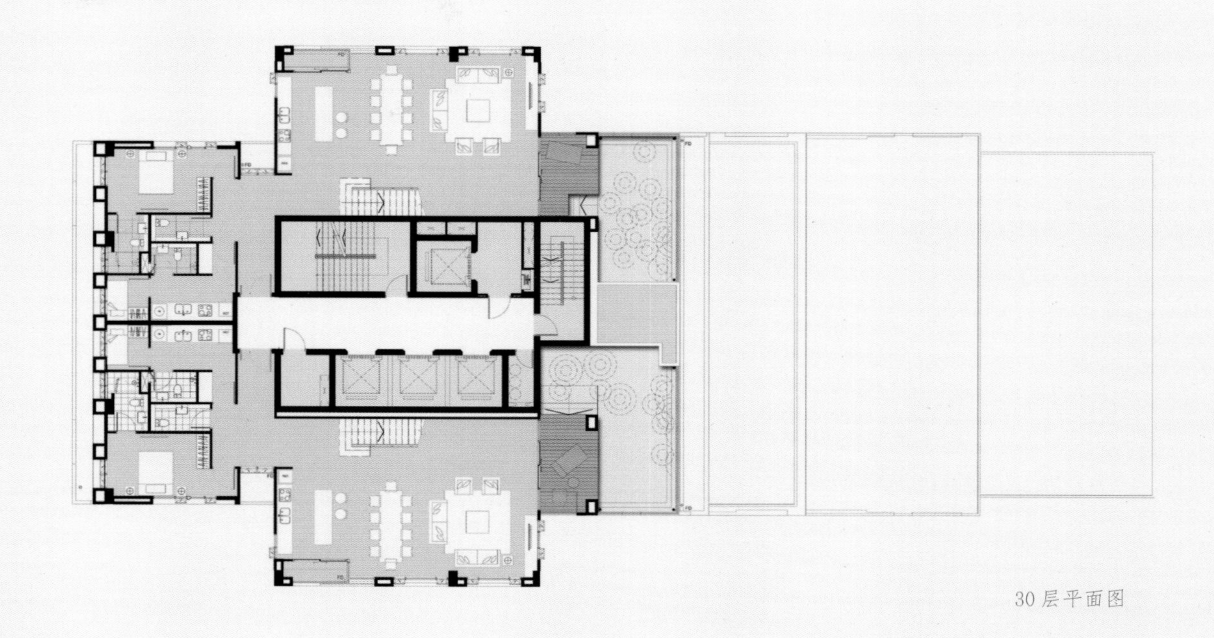

30 层平面图

20 层平面图

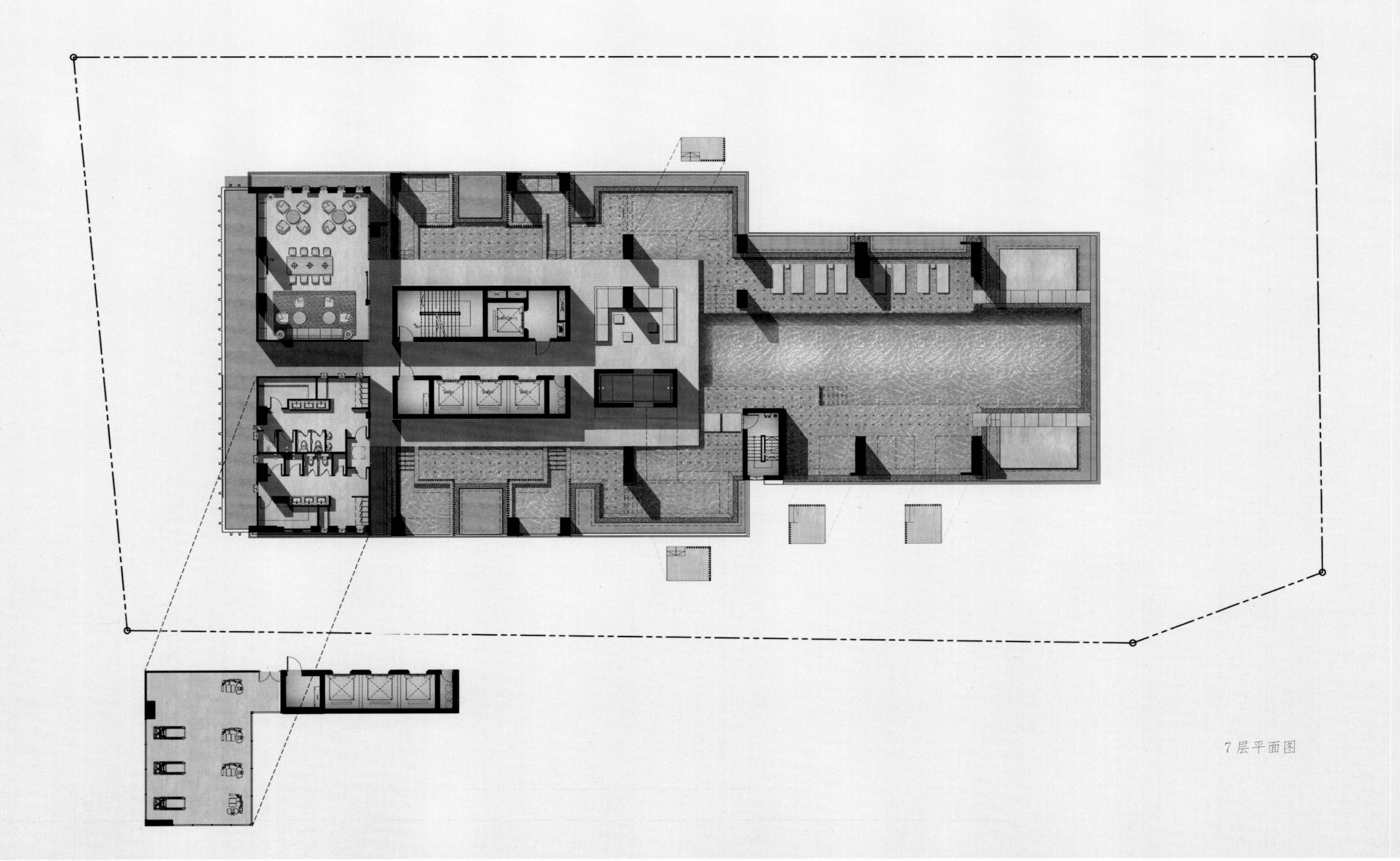

7 层平面图

20th Century

LOBBY FOR JING'AN SHANGRI-LA HOTEL

静安香格里拉大酒店大堂

设计公司：HBA / 项目地址：上海市

水晶是香格里拉酒店的重要元素，设计师在室内设计中以时尚、创新、打破传统的方式雕塑并运用水晶，最终形成光芒四射、独具匠心而令人眼前一亮的效果。1 740 平方米的无柱式大宴会厅中，五层楼高的华丽的水晶雕塑熠熠生辉，这一设计足足运用了 400 万颗水晶，梦幻、优雅，同时也展现了酒店的尊贵与奢华。

手工地毯以中式水彩画为灵感，遍布包括客房在内的酒店各处。每个区域皆独一无二：大堂酒吧的河中莲花，公共区域的现代水域各色鱼群，大宴会厅的黄、橘色菊花，客房走廊的水彩花卉，以及客房内的现代画图案等，风格不一。

豪宅档案

1. **区位优势**：位于上海市静安区延安中路，坐落于静安商业核心区的静安嘉里中心内，地处南京西路商圈的中央，东临梅泰恒、西接静安寺和静安公园，毗邻上海展览中心与购物天堂南京路，交通便利
2. **建筑形式**：商业综合体，包括写字楼、大酒店、高端商场等
3. **建筑特点**：拥有游泳池、屋顶花园等
4. **配套资源**：包括一间面积达 1 743 平方米的静安大宴会厅、1 039 平方米的门厅、一间 514 平方米的宴会厅、六间总面积达 659 平方米的多功能厅；设有大堂酒廊、全天候咖啡厅、中餐厅、日餐厅、各种名牌店

THE ENCYCLOPEDIA OF SHANGHAI
CHINA
THE BUND &

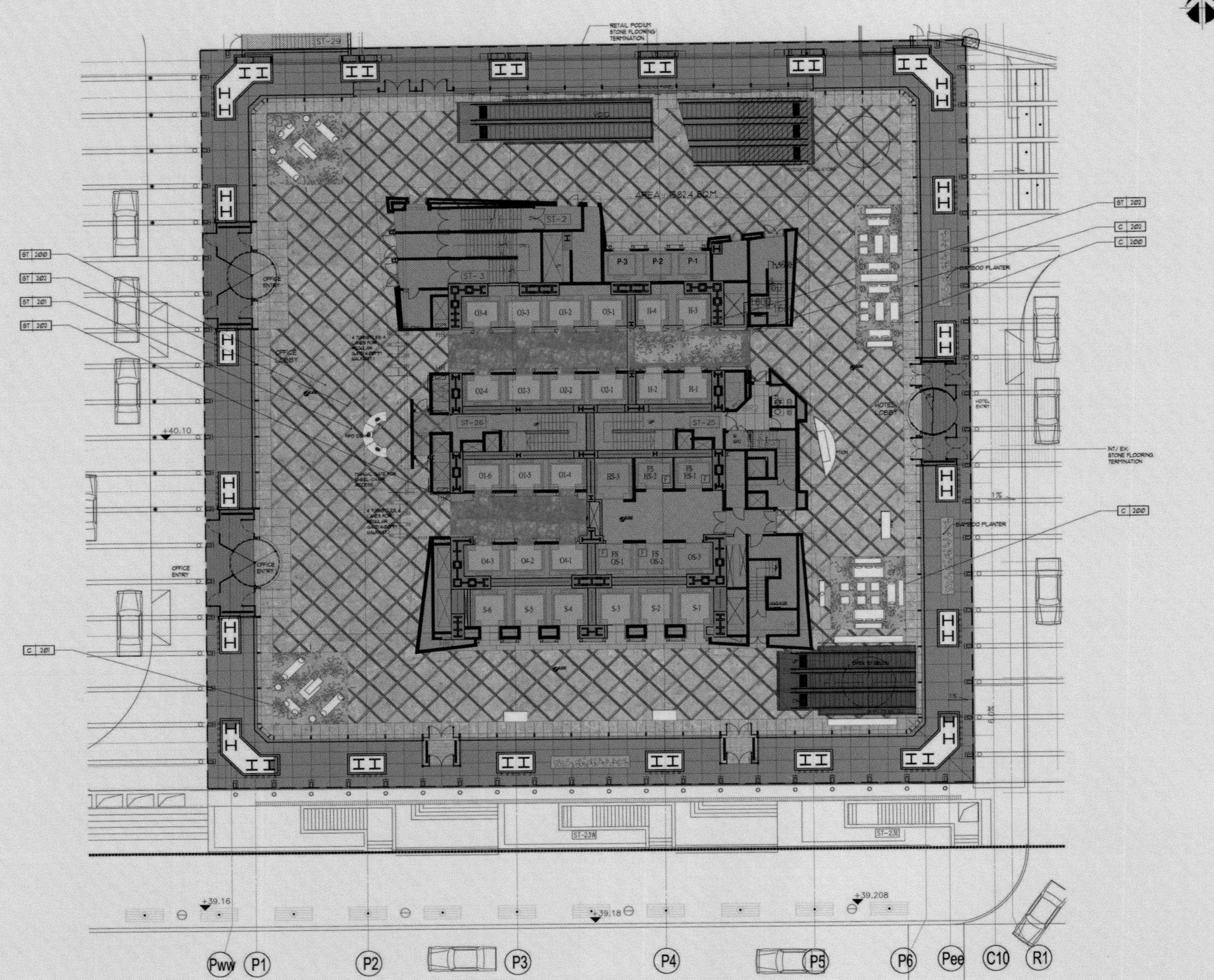

酒店大堂平面图

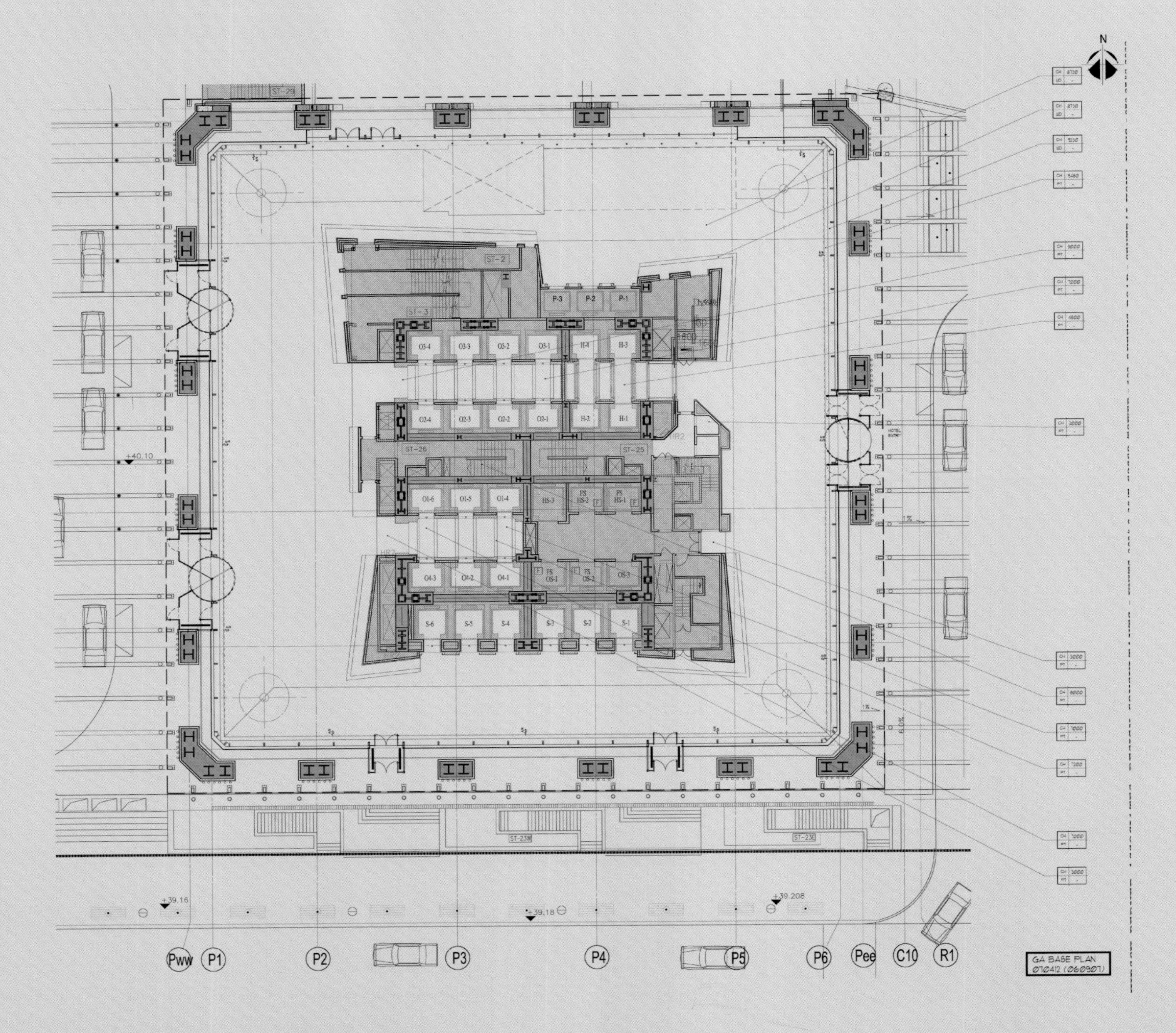

酒店大堂天花板平面图

设计说明

全球酒店室内设计业翘楚 HBA / Hirsch Bedner Associates 为于 2013 年 6 月 29 日开业的上海静安香格里拉大酒店注入了艺术灵魂。该设有 508 间客房的酒店拥有迷人的现代奢华魅力，契合上海作为中国金融及文化中心的城市地位，是香格里拉酒店集团新一代的旗舰物业。

从通往酒店大门的车道开始，酒店的魅力便展现无遗。一列背光式水晶柱一直延伸至大堂的木质天花板，熠熠生辉，宛如一条钻石手链。设计师用五层楼高的华丽的水晶雕塑引出 1 740 平方米的无柱式大宴会厅——规模属浦西之最。而该设计足足运用了 400 万颗水晶。上海的商业精英向来走在时代的前列，因此宏伟的楼梯别出心裁，依三层楼高的壁画而建；壁画上的传统中式拼接画图案由彩绘琉璃塑造，以深浅不一的金、银色为主调。宴会厅内，定制的装饰墙面犹如一袭晚装的精华部分，引人注目。

首席设计师 Sandra Cortner 表示："新一代香格里拉酒店致力于开拓年轻的客户市场，同时保留香格里拉的原有精髓，酒店便为此打响头炮。我们的定位彰显出香格里拉品牌富丽奢华的 DNA，并注入了流行、时尚的元素。此项目所选用的素材不但能够吸引时尚的旅客，亦可体现上海的无限活力。"

要论及酒店最瞩目的一面，不可不提 Canvas Art Consultants 所搜罗的创意国际艺术品。酒店拥有超过 200 件令人叹为观止的当代艺术作品，包括油画、水墨画、摄影作品、纺织艺术品及装饰物等，各种艺术媒介包罗万象。

总监 Matthew Whitaker 补充："在静安香格里拉大酒店，我们致力于荟萃真正的国际艺术品。这里不仅拥有中国众多新晋当代艺术家的作品，亦有来自海外 11 个国家艺术家的杰作，每位艺术家都透过对历史悠久的主题及艺术手法的现代化演绎，表达自己对丰富的中国文化传统的崇高敬意。我们与 HBA 的同事协力收集的艺术藏品，既保留了与此传奇性酒店品牌相契合的不朽品质，亦勇于打破常规，势必能够获得国内外旅客的青睐。"

行政酒廊亦由 HBA 设计，位于 55 楼全层，把 360° 的上海美景尽收眼底。此外，还有一个名为 Lifestyle Suite 的特色活动空间，附设酒吧、接待区、客厅、餐室及庭院。该设备齐全的套房专为香格里拉尊贵的 VIP 宾客而设，提供完美、私密的专属空间。

酒店可俯瞰静安嘉里中心的核心区域——占地 3 000 平方米，拥有小径、花园、水景及户外餐饮区域的露天广场。在酒店 60 层高主楼的最高 29 层，分布着低调奢华的宽敞客房；透过客房内近乎全景式的落地窗，可欣赏上海市的醉人美景。房内的浴室饰以白色云石，以及特殊定制的金银色马赛克艺术品。

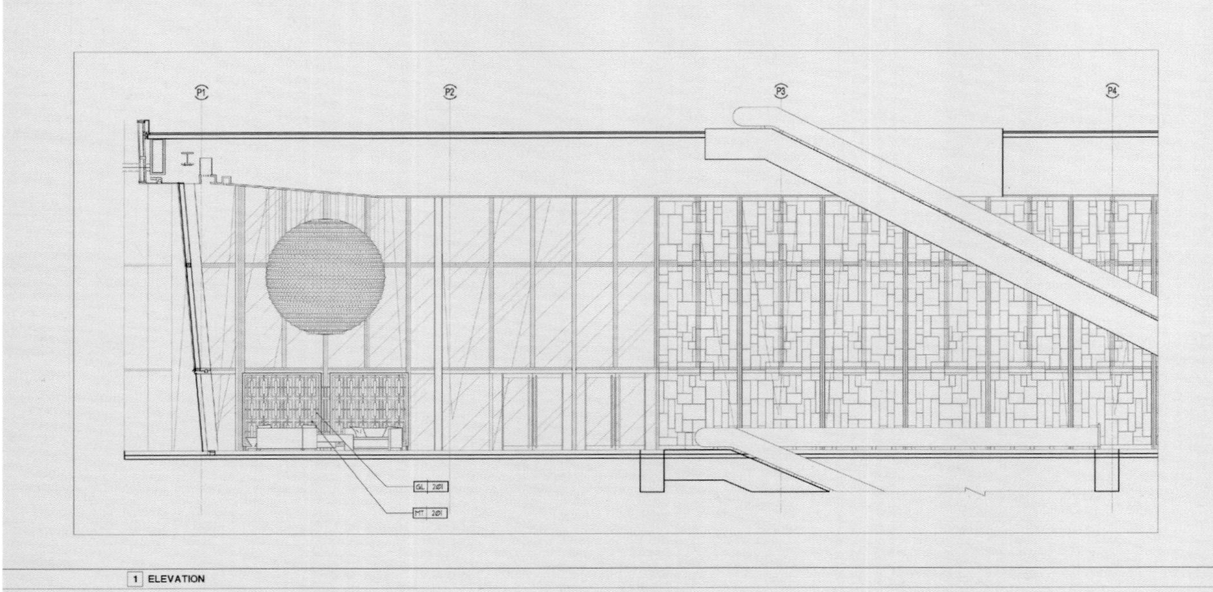

酒店大堂立面图 1

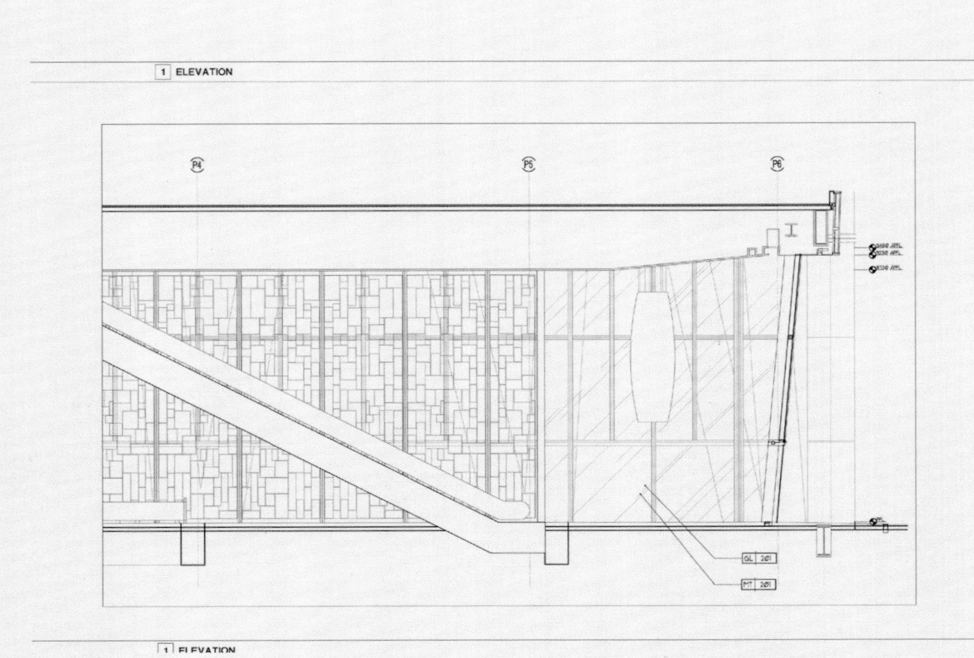

酒店大堂立面图 2

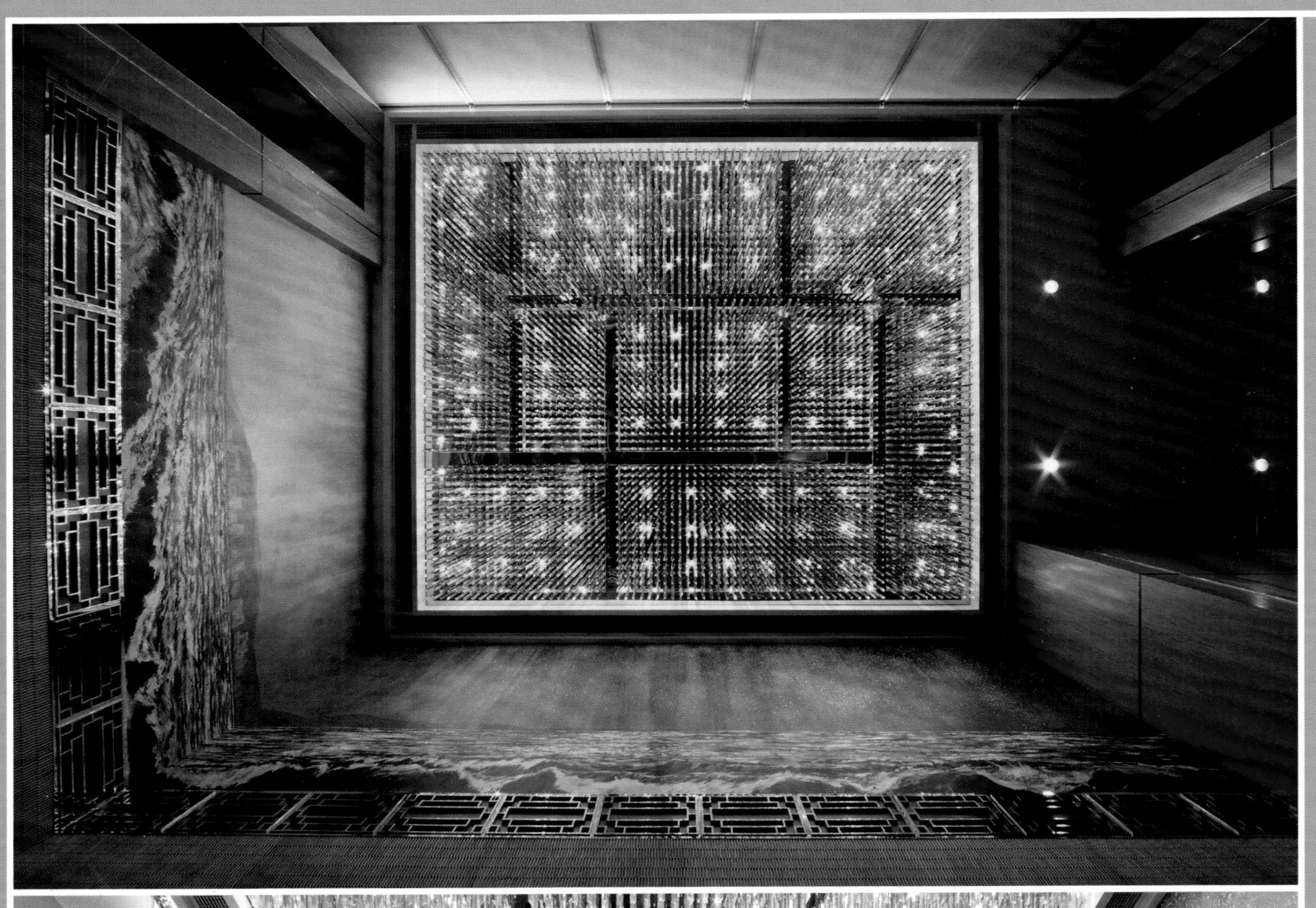

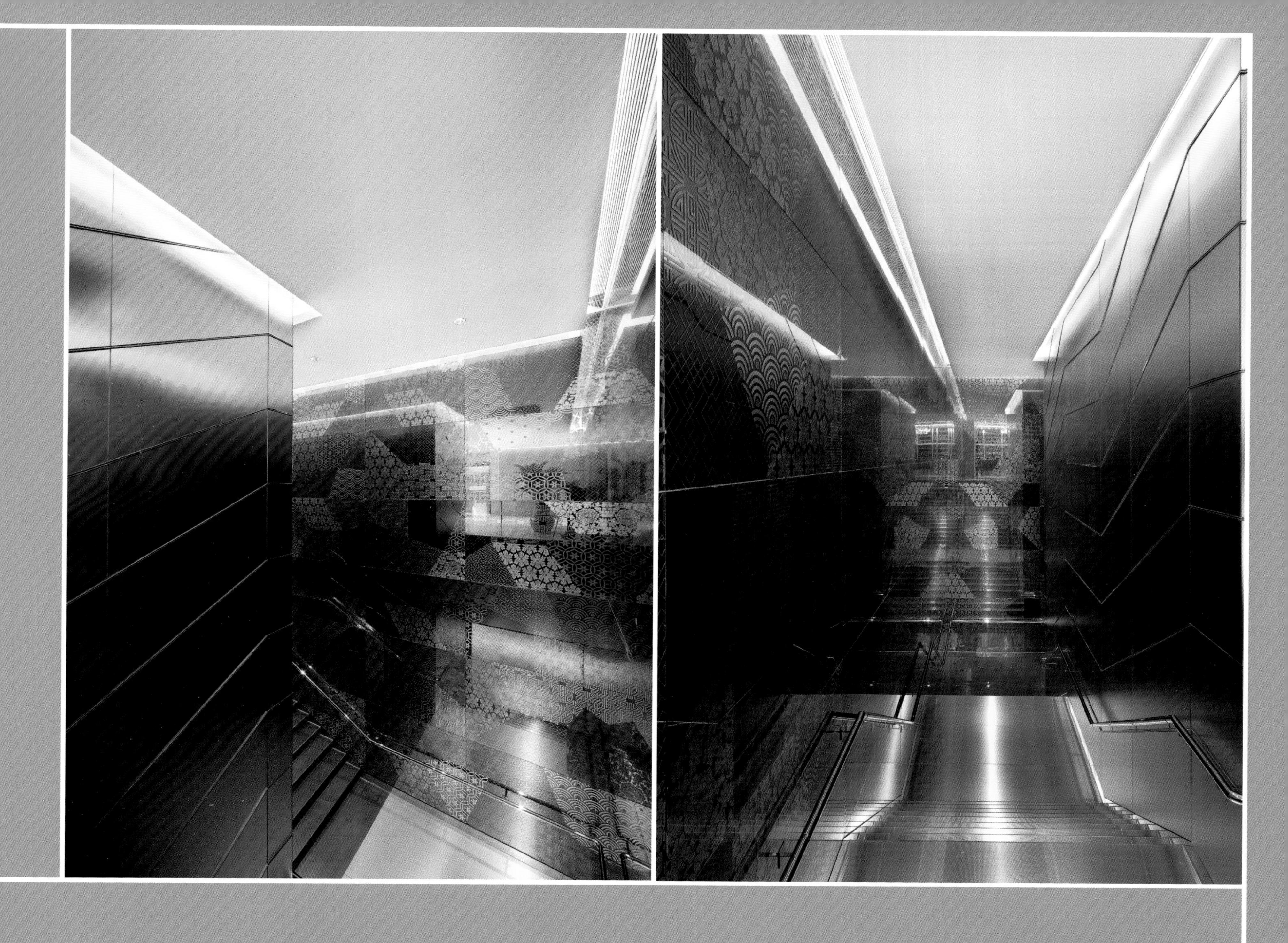

KEYNE BY SANSIRI

Keyne by Sansiri

设计公司：DWP / 客户：上思睿房地产公司 / 项目地址：泰国曼谷市 / 项目面积：557平方米
主要材料：白金星石、大理石、白金星石、瓷砖、复合地板 / 摄影：DWP

白色大理石地板和墙面上原生态灰色的肌理，简约、时尚；大面积的玻璃通透、明亮，同时将室外的绿植引入室内，营造了清新、典雅的空间氛围。
地面以木材和大理石拼接，棕色木质地板自然地划分出不同的功能区；二楼的墙面以玻璃和大理石拼接，延展了视觉，同时丰富了空间层次。

豪宅档案

1. 区位优势：位于曼谷市受欢迎的中心地带
2. 规模：557平方米
3. 开发商：Sansiri
4. 建筑形式：豪华公寓
5. 建筑特征：现代风格
6. 景观特点：空中花园
7. 配套设施：双高度的落地窗、车库裙楼、游泳池、健身房

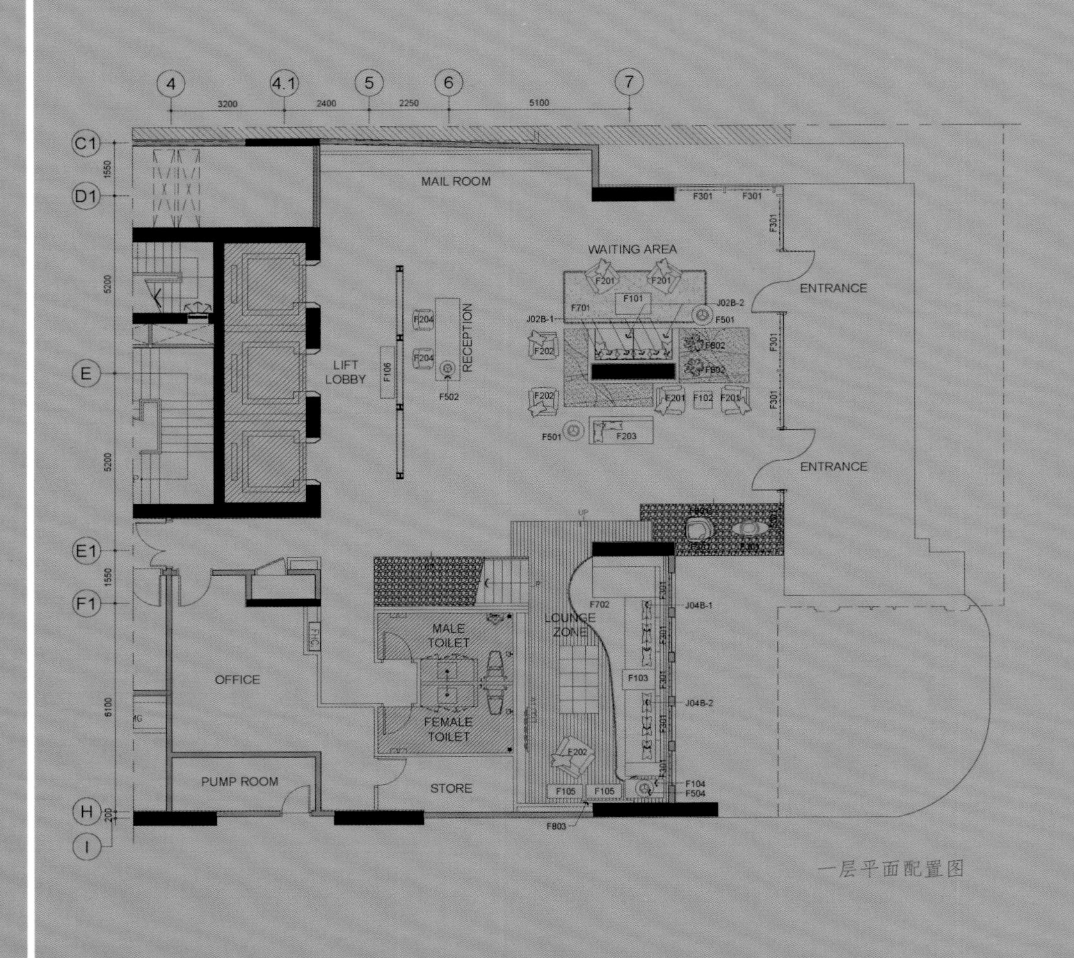

一层平面配置图

设计说明

世界顶级的建筑和室内设计公司DWP应开发商的委托，为其处于曼谷市中心地带的某一新楼盘构思一套室内设计方案，涵盖大堂、健身房、公共厕所和公共走廊等设施和区域。

DWP总体追求尊贵、奢华的设计风格，最大限度地优化空间格局。设计灵感主要来源于建材的原生态之美，调和了建材的肌理、材质和颜色，使之相得益彰。设计团队从混搭的大理石原石中汲取灵感，选取白色、米色、棕色和铜色石材，打造了鲜明立体，温暖惬意和舒适宜人的居住空间。

大厅空间有限，但地面和墙面却铺设了“白色的维纳斯”。该大理石经过精挑细选，以其独一无二的品质和迷人的魅力从多种泰国矿石中胜出。设计团队突出大厅中央的圆柱构造，四周环绕着双层落地窗和大理石台，石台上摆放了鲜花、雕塑和杂志等装饰品。极具视觉冲击力的垂直吊灯在傍晚散发出柔和的灯光，在夜晚氤氲出浪漫的光晕。电梯大堂采用装饰性的玻璃隔墙。玻璃隔墙上嵌入发光的材料。在华丽家具的衬托下，电梯大堂更显奢华。

LIFE FITNESS

PUBLIC FACILITIES FOR QIAN JIANG YUE

千江月公共空间

设计公司：黄宏辉建筑师事务所 / 设计师：黄宏辉 / 参与设计：戴铭楠、黄俊腾 / 项目地址：中国台湾省新北县 / 项目面积：1 670.51 平方米
主要材料：石材、瓷砖、金属板、抿石子石、渐层玻璃、玻璃栏杆、玻璃帷幕、木作、木桌

量体一字排开，使空间更加开放，景观面得以最大化。
不同主题的开放空间，如樱花林、木栈道等，为邻里提供了多功能的绿色生活空间。
柔和而丰富的水岸住宅立面，大阳台空间及顶楼无边际泳池，很好地结合了该建筑的地理优势，为业主提供了舒适、闲逸的生活空间。

豪宅档案

1. **区位优势**：紧临公园，空气清新，坐拥基隆河、淡水河等美景，周边配有学校、商店，地理位置极佳
2. **开发商**：合众建筑经理股份有限公司
3. **建筑形式**：景观集合住宅
4. **建筑特征**：河岸景观第一排，水波纹与弧面造型跳层交错的阳台相互呼应
5. **容积率**：2.0
6. **绿化率**：42%
7. **景观特点**：树下座椅、樱花林、木栈道、儿童游戏区、无边际泳池等
8. **配套资源**：公共空间有图书室、酒吧、棋艺室、健身房、茶屋等；生活配套设施完备，有 7-ELEVEN 便利店、家庭便利店等商店，日本特色餐饮店，贵族世家连锁店，北海海鲜餐厅等

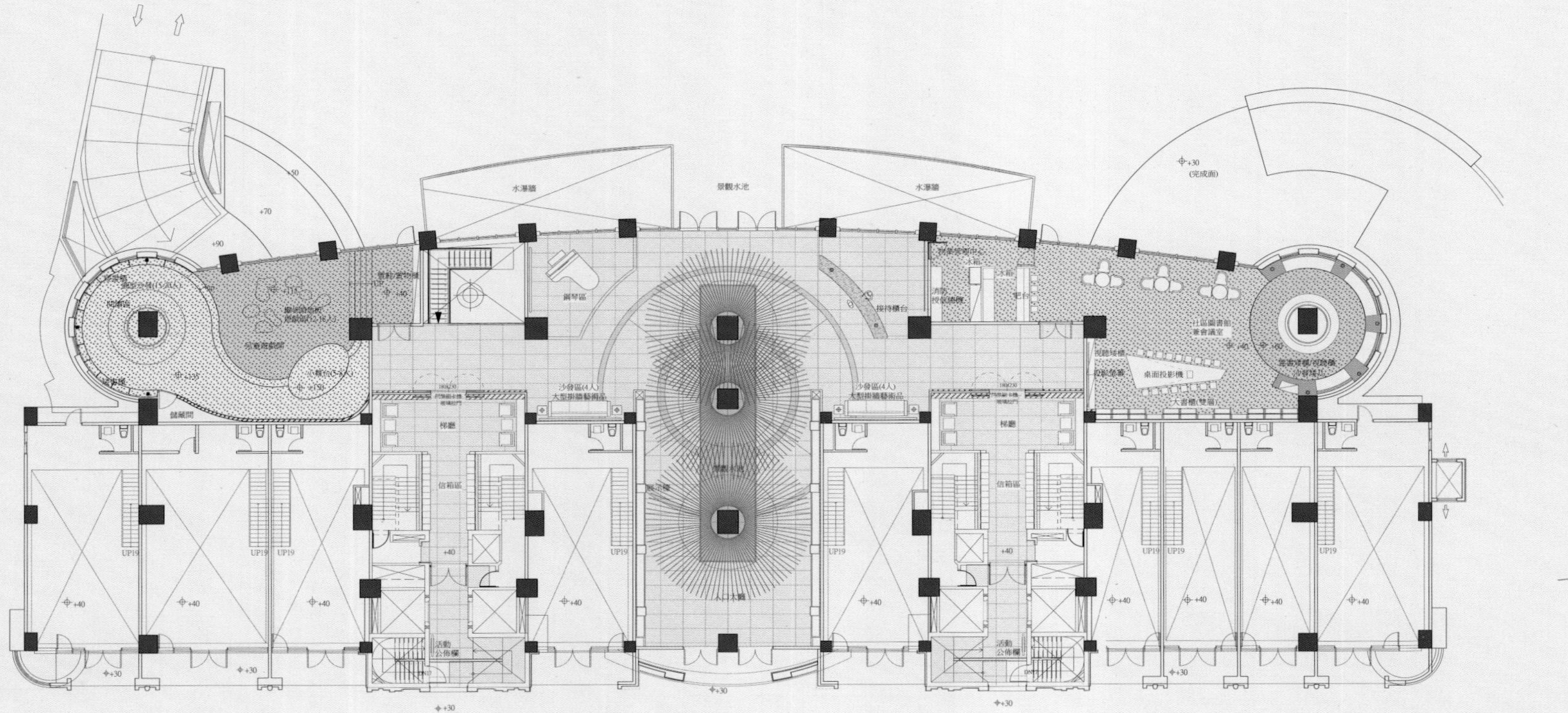

一层平面配置图

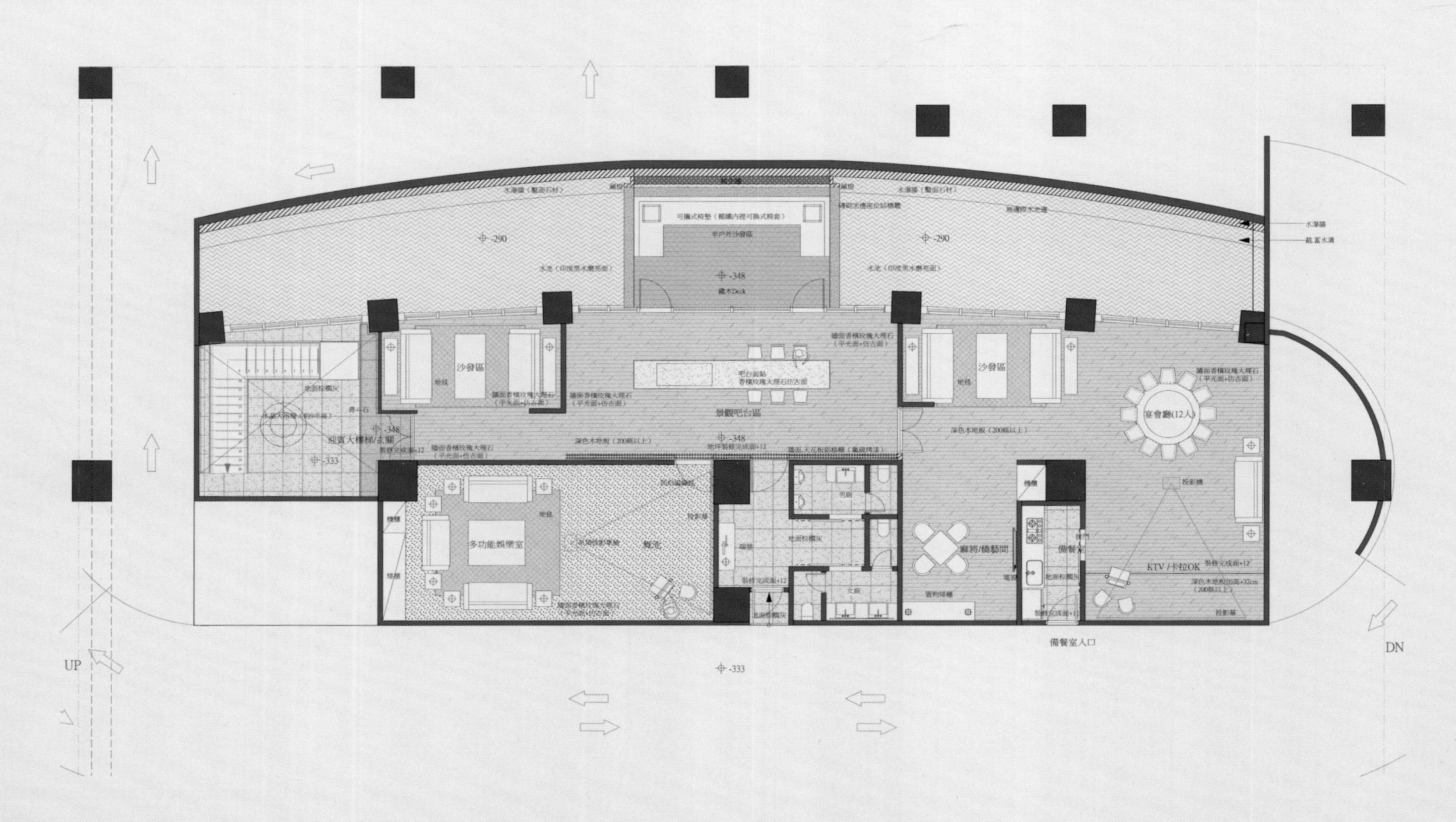

负一层平面配置图

设计说明

量体及立面

本案以水的意象为设计理念，立面以水平弧面曲线彰显水岸住宅的生动表情，再设置三层为一组的错层大阳台及网点玻璃栏杆，使每户住宅单元的呼吸空间皆兼具实用性与美观性，更提供了水岸住宅优越的生活空间。

配置

基地前后面对35米的集贤路以及20米的环河北路，两面临路外亦与淡水河相邻，为淡水河岸的第一排景观住宅。在配置上以人车分道的方式，使空间更加开放，“一”字形量体前后退缩，形成两个不同主题的开放空间。

在临集贤路部分，以6.5米宽的沿街开放空间，衔接基地左右两侧，并以街道座椅、灯箱等街道家具，留出深度超过16米的小型邻里公园，并以双排植栽打造两个层次丰富的开放空间。

靠近建筑物侧之内院，设置树下座椅、樱花林、木栈道、儿童游戏区等设施，供业主来此休憩、停留、漫步、赏花、游戏等，是一个多样功能的绿色邻里公园。

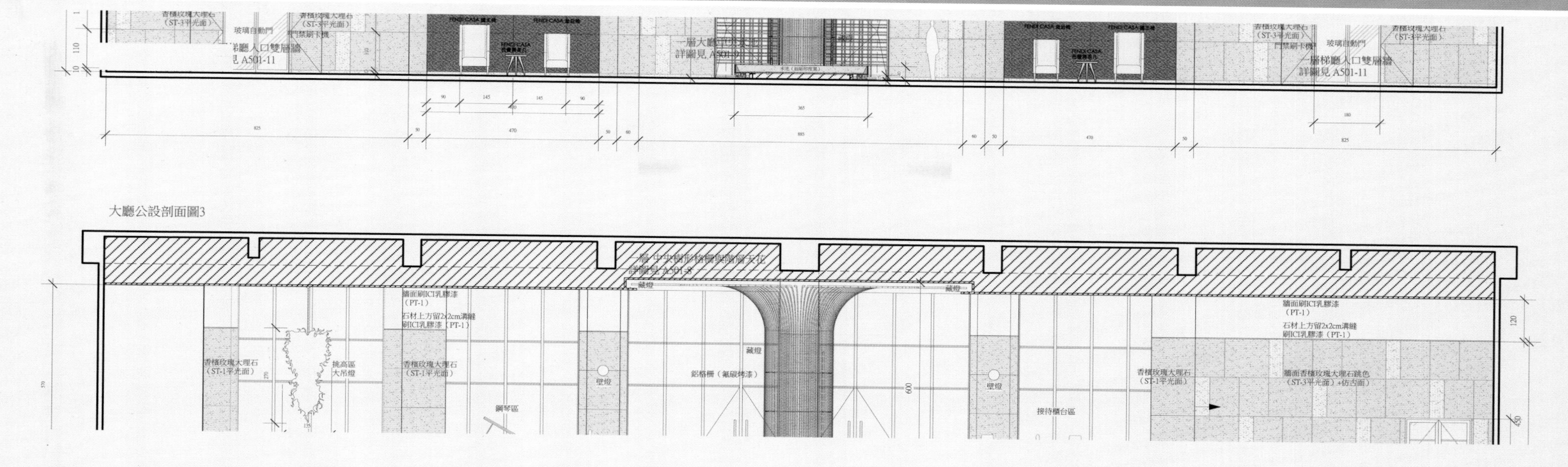

大堂剖面图 1

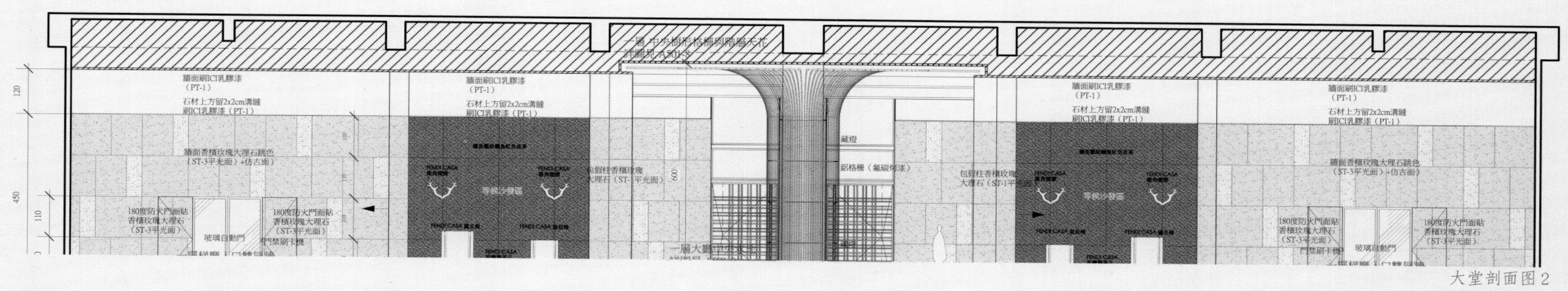

大堂剖面图 2

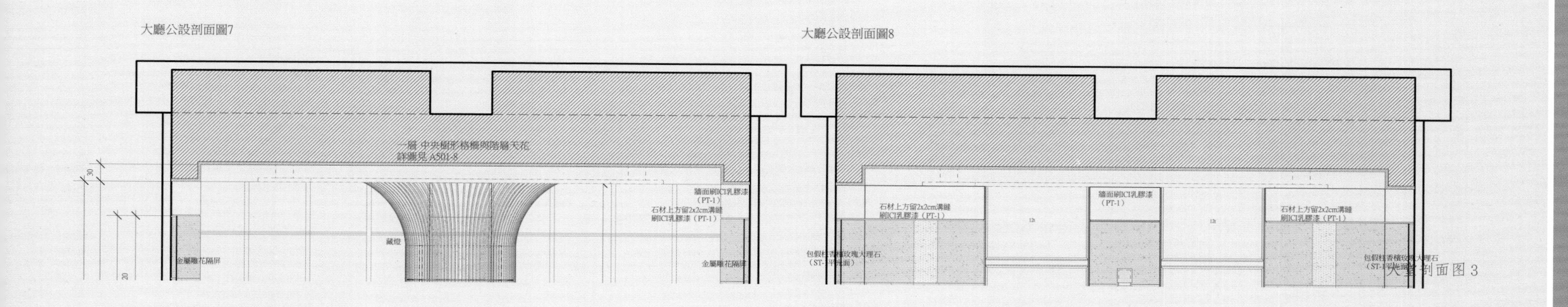

大堂剖面图 3

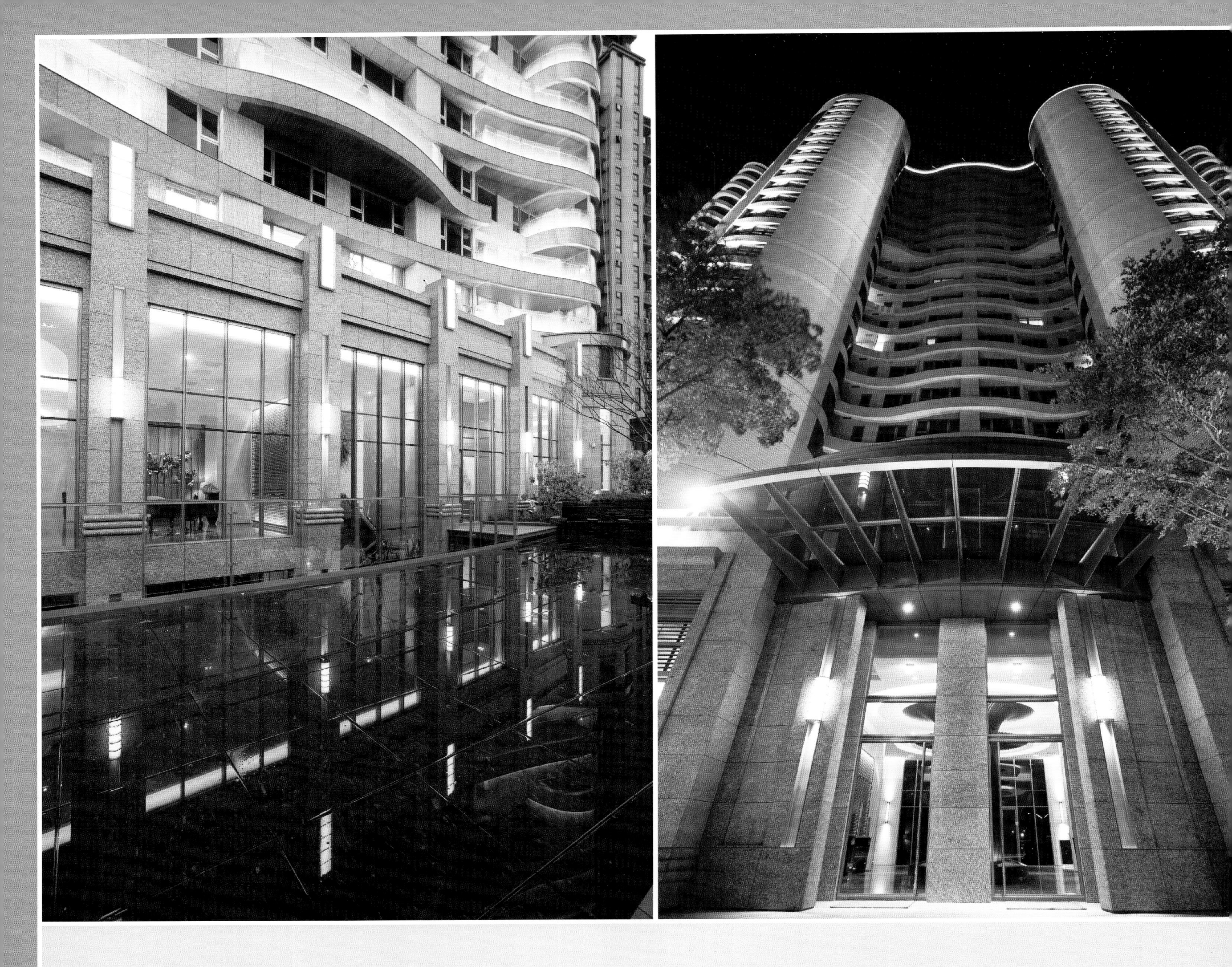

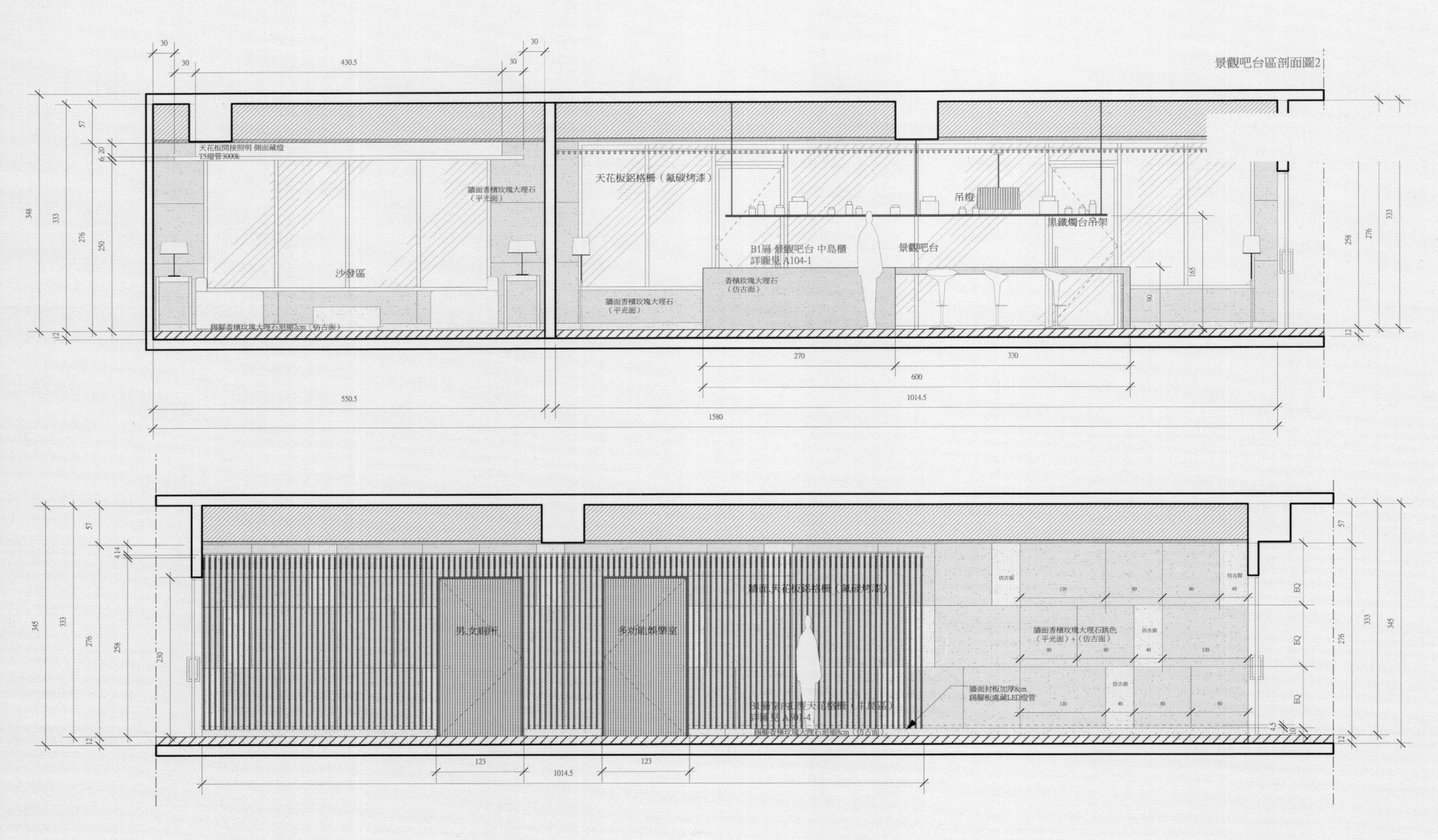
景觀吧台區剖面圖2
天花板間接照明 側面藏燈
T5燈管3000k
牆面香檳玫瑰大理石
（平光面）
沙發區
踢腳香檳玫瑰大理石壓邊2cm（仿古面）
天花板鋁格柵（氟碳烤漆）
吊燈
黑鐵燭台吊架
B1層 景觀吧台 中島櫃
詳圖見 A104-1
景觀吧台
香檳玫瑰大理石
（仿古面）
牆面香檳玫瑰大理石
（平光面）
30
430.5
270
330
600
1014.5
550.5
1580

景观吧台区剖面图 1

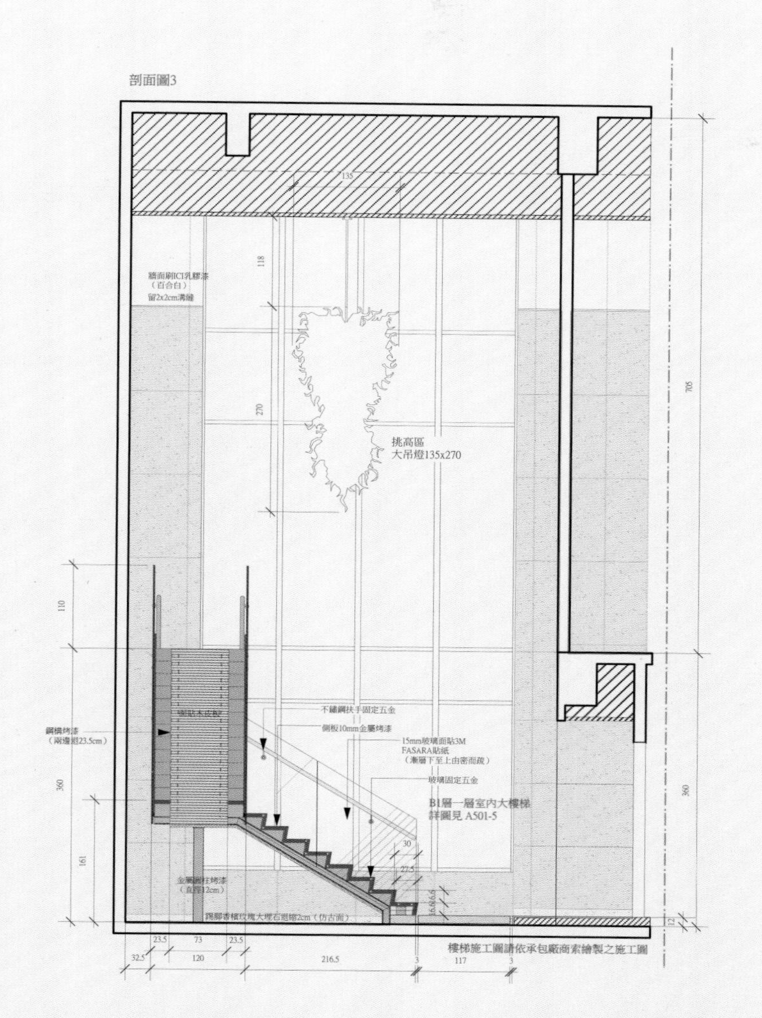

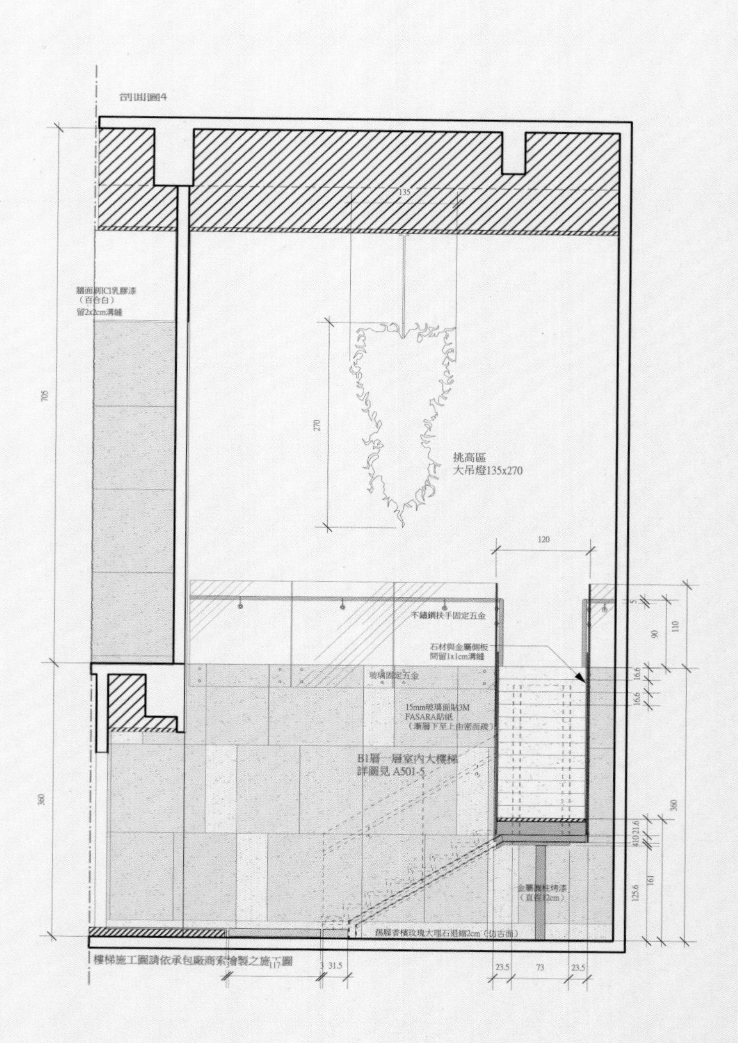

景观吧台区剖面图 2

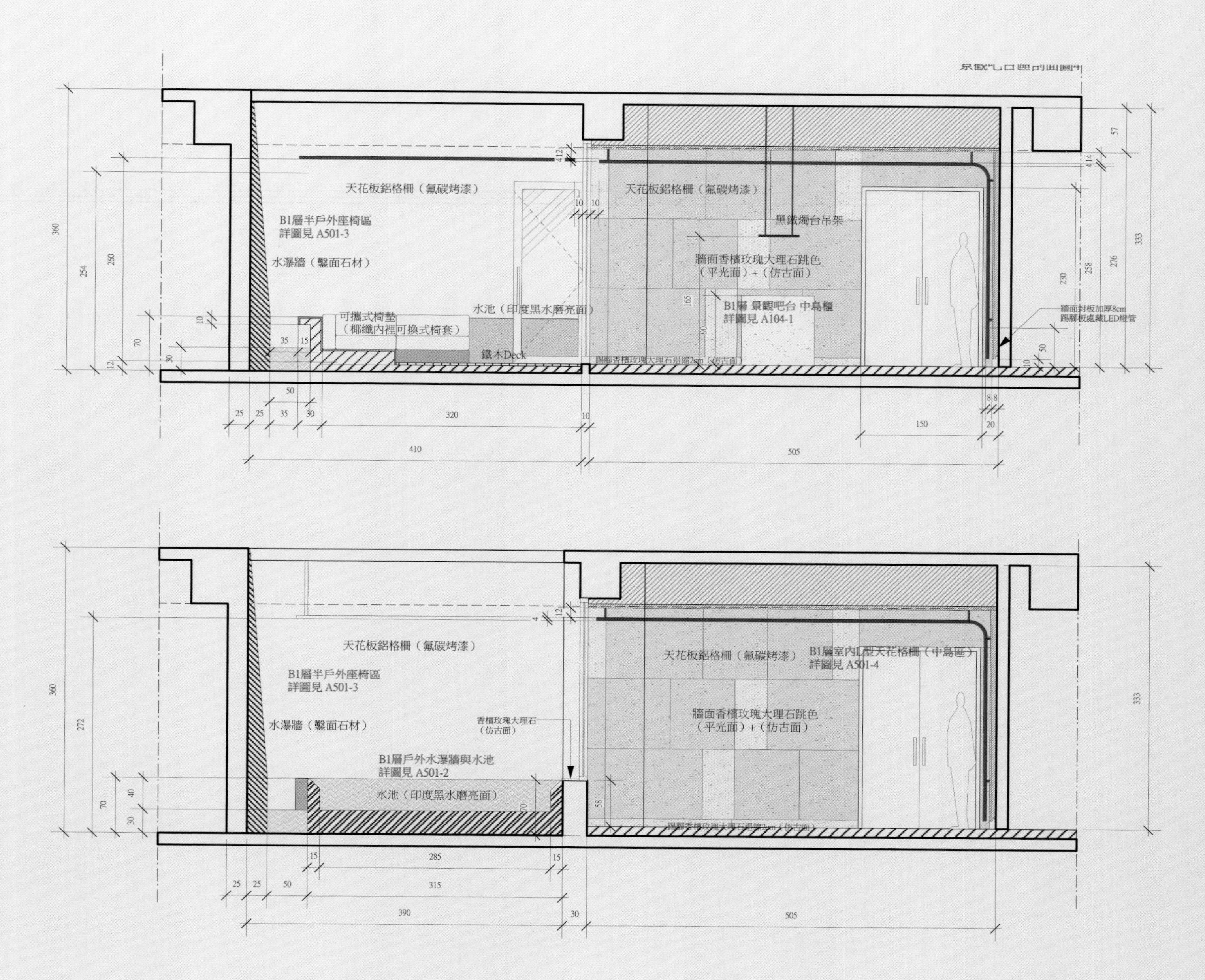

景观吧台区剖面图 3

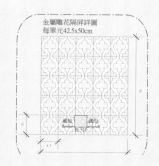

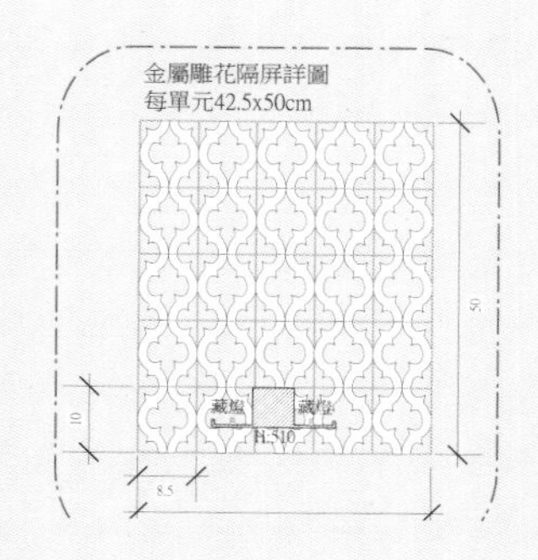
金屬雕花隔屏詳圖
每單元42.5x50cm

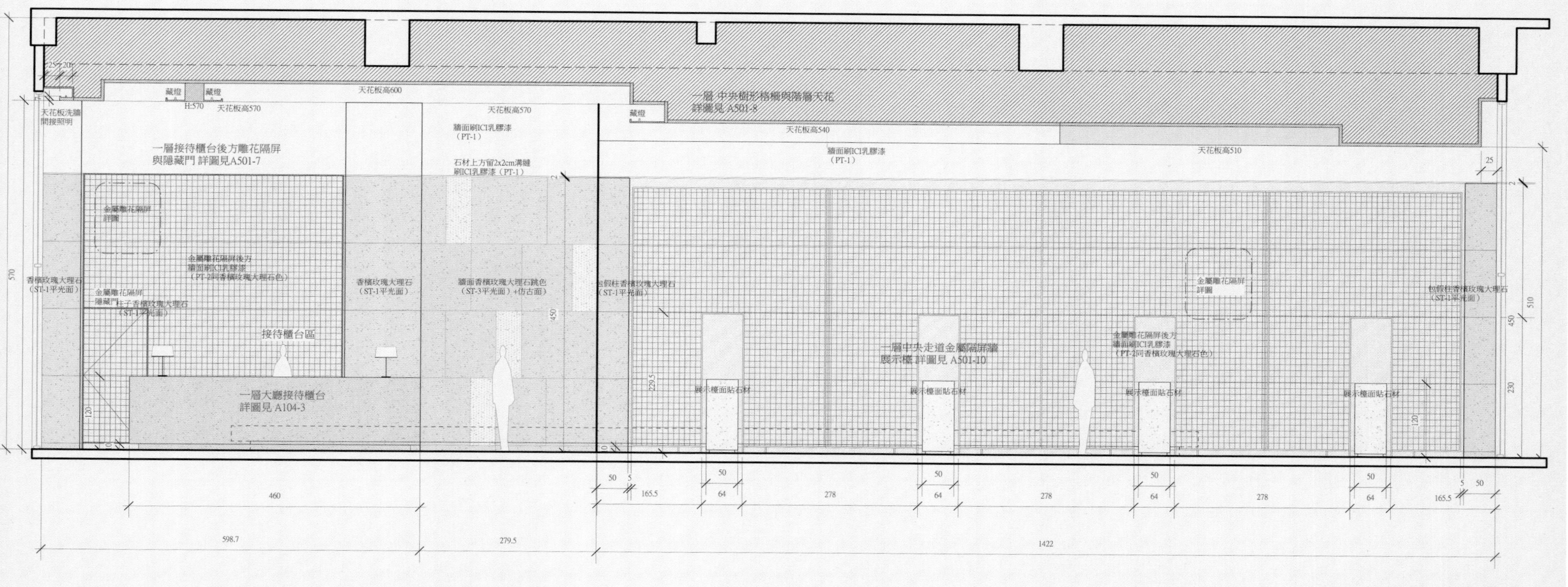
天花板高600
天花板高570
天花板高540
天花板高510
一層 中央樹形格柵與階層天花
詳圖見 A501-8
一層接待櫃台後方雕花隔屏
與隱藏門 詳圖見A501-7
牆面刷ICI乳膠漆
（PT-1）
石材上方留2x2cm溝縫
刷ICI乳膠漆（PT-1）
金屬雕花隔屏後方
牆面刷ICI乳膠漆
香檳玫瑰大理石
（ST-1平光面）
牆面香檳玫瑰大理石跳色
（ST-3平光面）+仿古面）
包假柱香檳玫瑰大理石
（ST-1平光面）
接待櫃台區
一層大廳接待櫃台
詳圖見 A104-3
一層中央走道金屬隔屏牆
展示櫃 詳圖見 A501-10
展示櫃面貼石材
460
598.7
279.5
1422
165.5
64
278
50

大堂局部剖面图

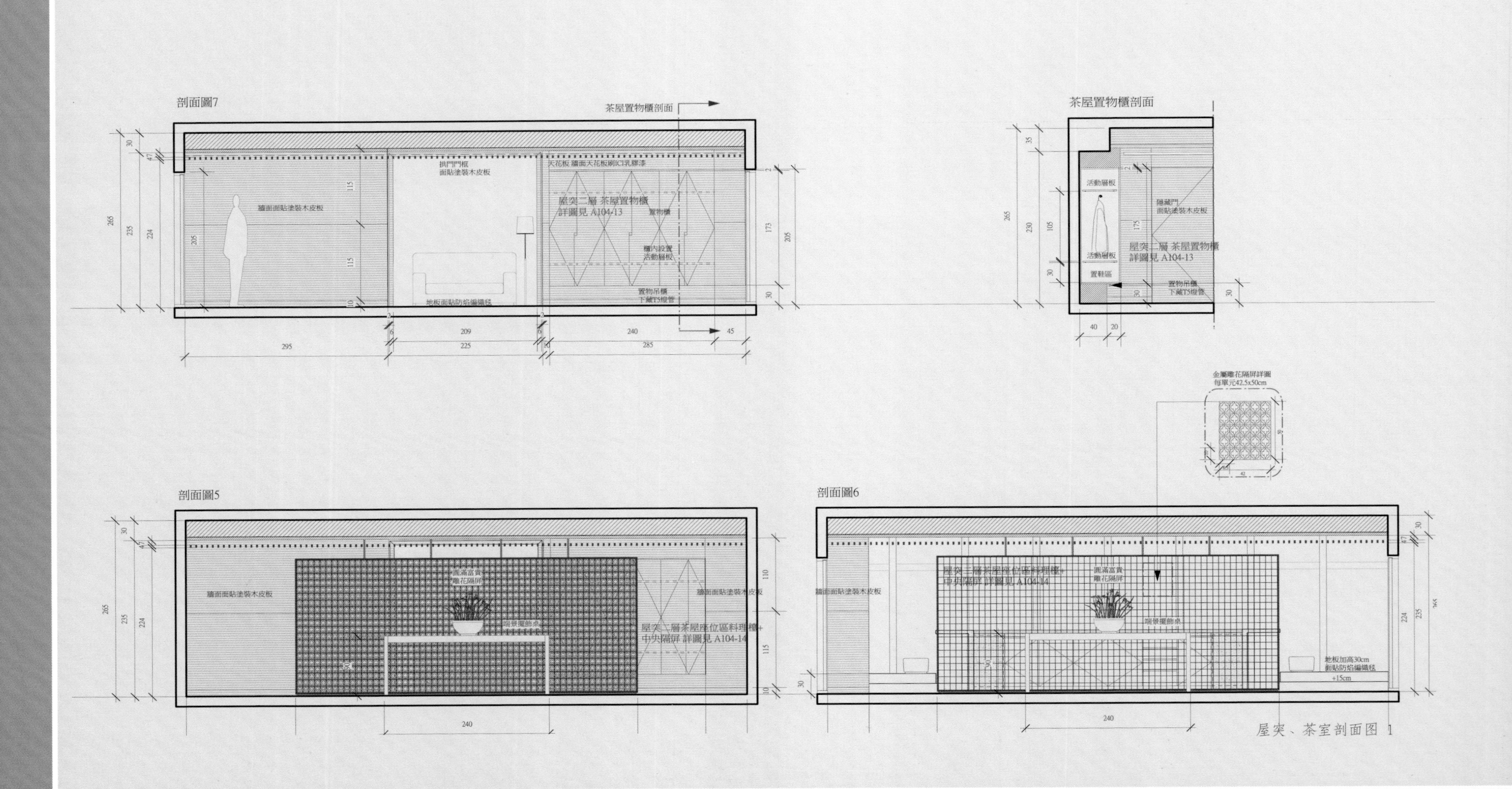

剖面圖7
茶屋置物櫃剖面
拱門門框
面貼塗裝木皮板
天花板 牆面天花板刷ICI乳膠漆
牆面面貼塗裝木皮板
屋突二層 茶屋置物櫃
詳圖見 A104-13
置物櫃
櫃內設置
活動層板
置物吊櫃
下藏T5燈管
地板面貼防焰編織毯
茶屋置物櫃剖面
活動層板
隱藏門
面貼塗裝木皮板
屋突二層 茶屋置物櫃
詳圖見 A104-13
活動層板
置鞋區
置物吊櫃
下藏T5燈管
金屬雕花隔屏詳圖
每單元42.5x50cm
剖面圖5
圓滿富貴
雕花隔屏
牆面面貼塗裝木皮板
端景擺飾桌
牆面面貼塗裝木皮板
屋突二層茶屋座位區料理檯+
中央隔屏 詳圖見 A104-14
剖面圖6
屋突二層茶屋座位區料理檯+
中央隔屏 詳圖見 A104-14
圓滿富貴
雕花隔屏
牆面面貼塗裝木皮板
端景擺飾桌
地板加高30cm
面貼防焰編織毯
+15cm

屋突、茶室剖面图 1

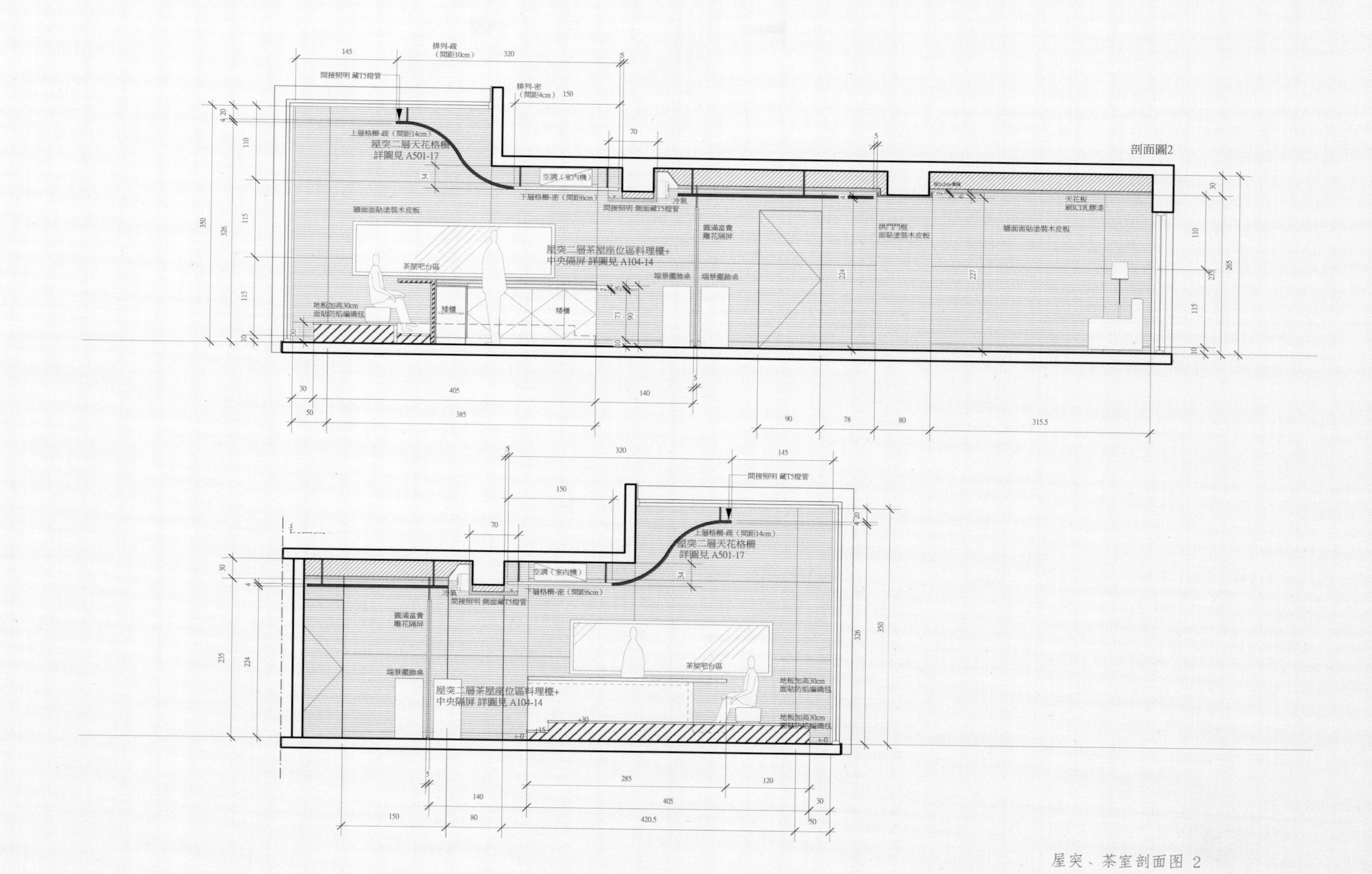

屋突、茶室剖面图 2

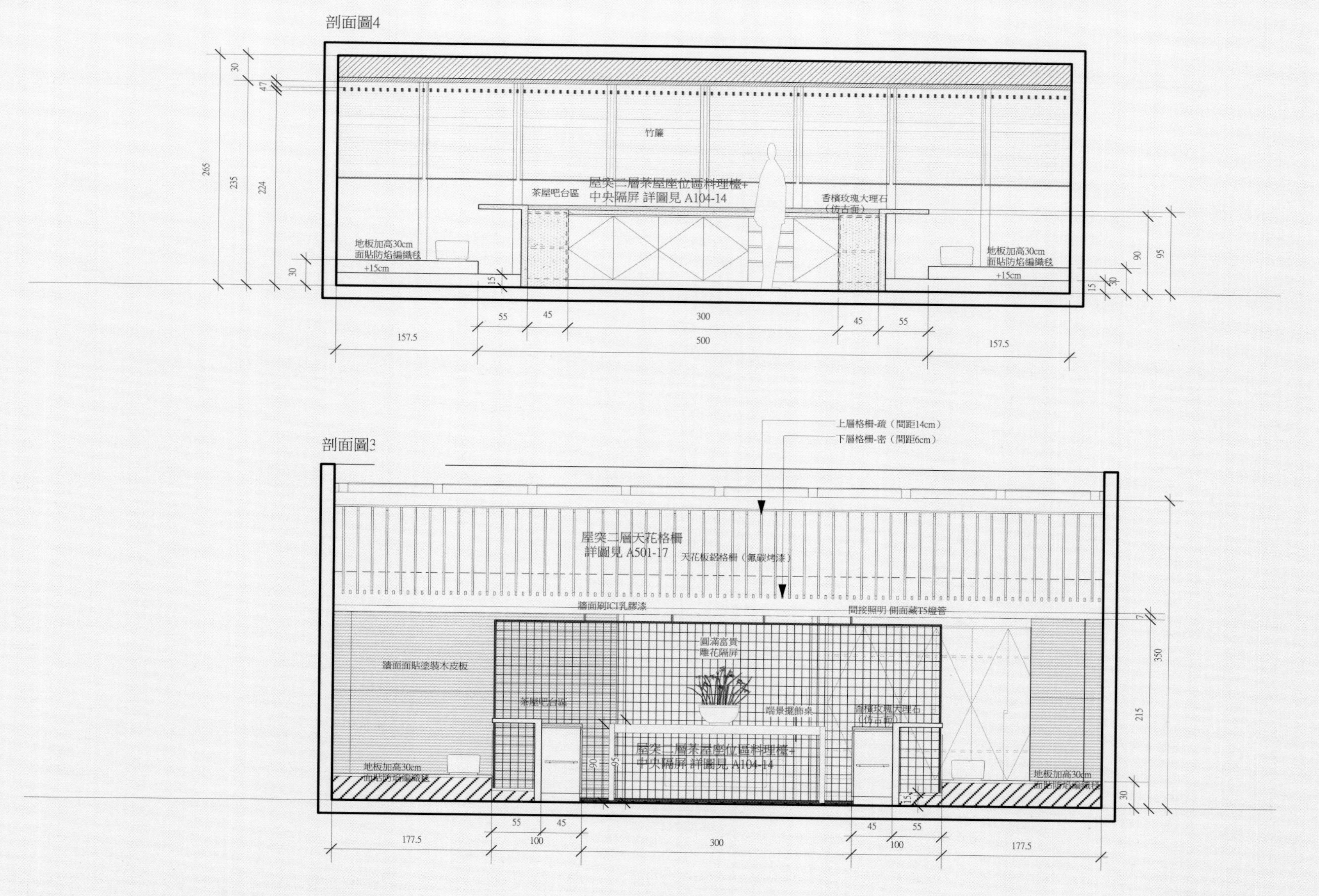

屋突、茶室剖面图 3

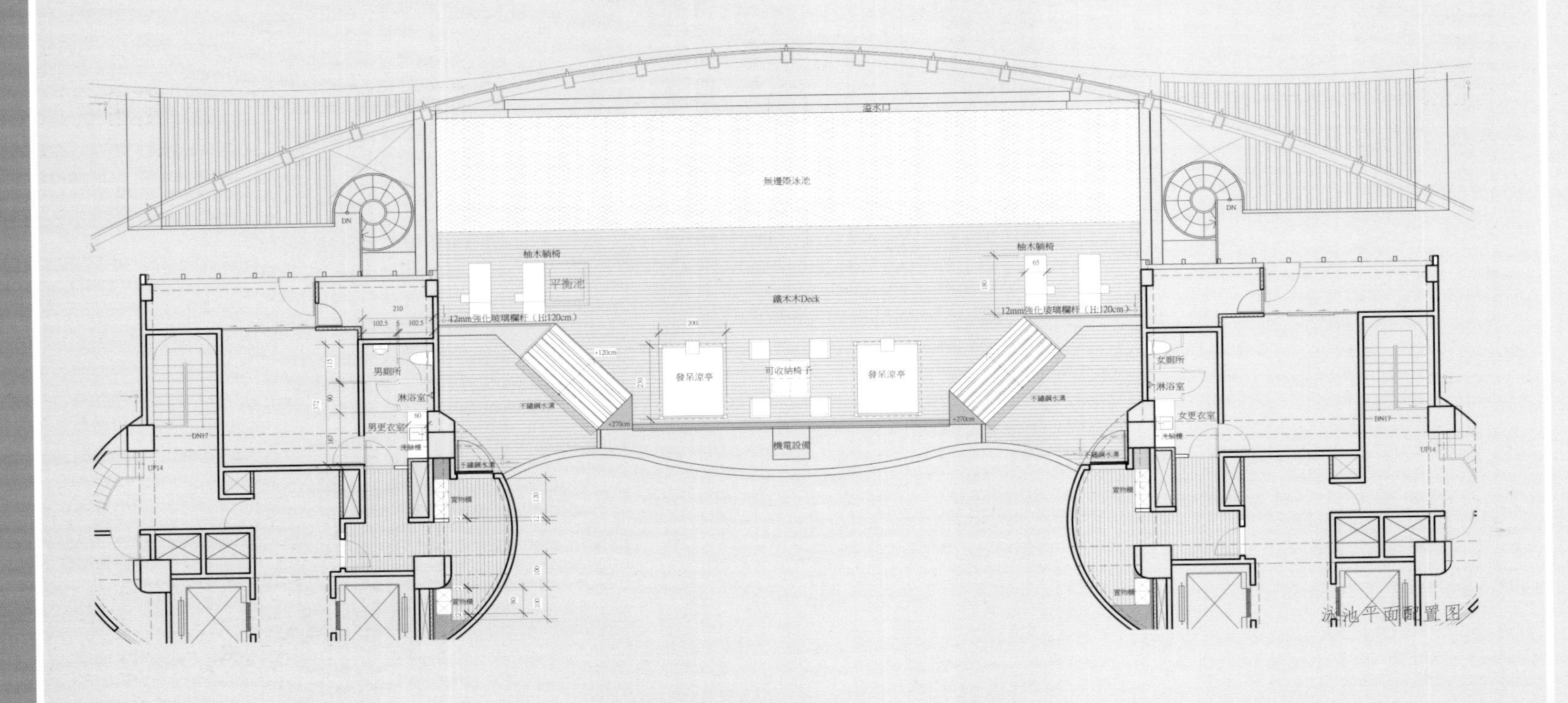

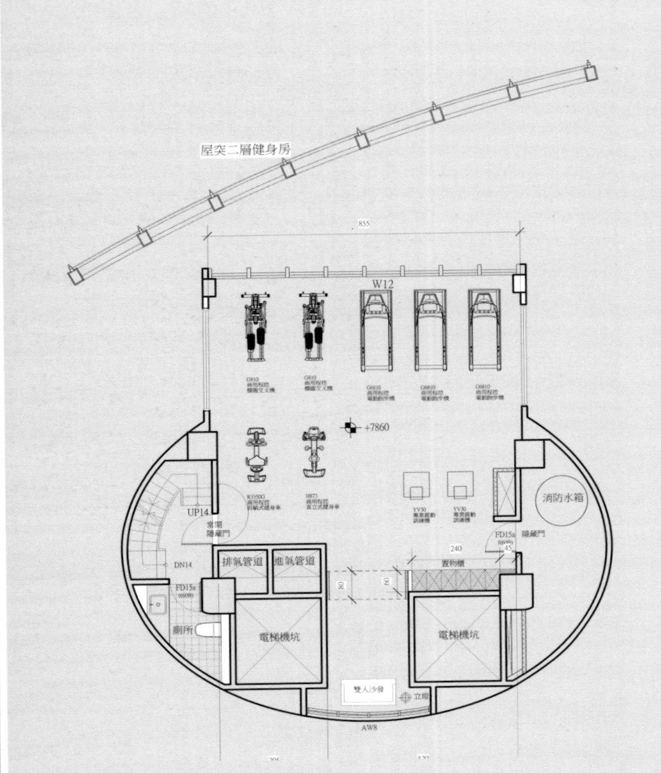

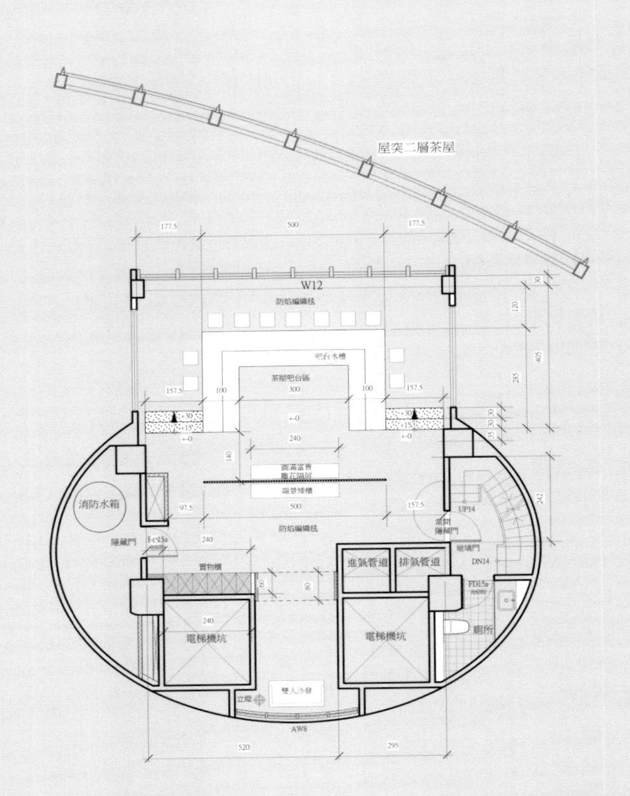

健身房与茶室平面配置图

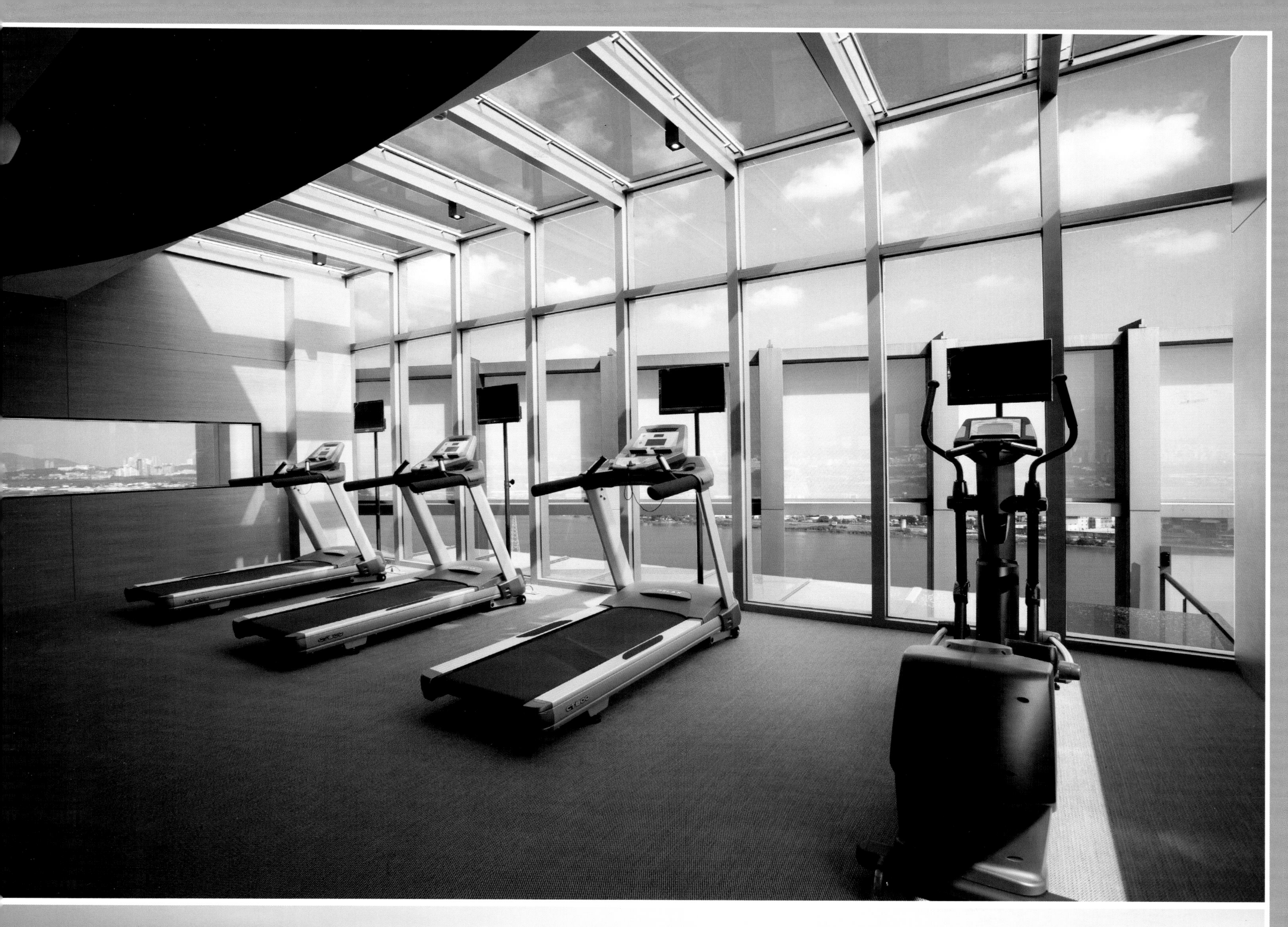

QUATTRO BY SANSIRI

Quattro by Sansiri

设计公司：DWP / 设计师：李智翔、陈凯伦 / 项目地址：泰国曼谷市 / 项目面积：113.5 平方米
主要材料：抛光不锈钢、雕花玻璃、大理石、高光泽漆、铜、发光墙纸 / 摄影：DWP

大厦的入口大厅装潢表达了对“超越期望”理念的无限探索与挖掘，具有强烈的视觉梦幻色彩。
室内各设计元素都如同艺术品一般。大量使用的玻璃与镜子配以装饰墙面上大小各异的方形图案，营造出强烈的动态感，或蓝色梦幻，或闪亮耀眼，成为创意与创新的典范。
通过精心的规划，高效的大厅功能划分不仅洋溢着浓郁的艺术气息，还满足了业主的实际需求。大厅中还设置了各种活动区域，比如阅读区、上网区等，在带给人更多便利的同时，也无微不至地满足了现代日常生活的各类需求。

豪宅档案

1. **规模**：7 228 平方米
2. **开发商**：Sansiri
3. **建筑特征**：高端城市生活理念与现代别致的建筑相结合
4. **景观特点**：大厅入口铺有石头小径，配有抽象雕塑、游泳池
5. **配套资源**：配有泳池、休息亭、图书馆、健身房，提供正门可视电话、代客泊车、伦敦出租车、管家等服务

设计说明

世界顶级的建筑和室内设计公司DWP为新的城市高档住宅楼盘（即Quattro by Sansir）提供了所有三房样板间的室内设计。作为起点，设计团队从已故的伟大时装设计师亚历山大·麦昆的艺术和美学中为该设计注入活力。为了迎合大胆、时髦的目标客户群，该设计与高端城市生活理念及现代别致的建筑样式相契合，在最佳的中央位置创造了曼谷市前所未有的景象。

该设计理念和室内设计的创作灵感来源于定制设计的本质，高度注重独创的定制化服务和细节。设计团队受到启发，将原创性和艺术性融入设计的方方面面，直至造型。在"新浪漫主义"的主题下，如同麦昆本人所赋予的特质一样，自然浪漫主义元素的融入为单元的样貌和感觉创造了条件。

该设计的所有元素协力营造一个完美、和谐的平衡状态：男性主义和女性主义、当代和古典、前卫和保守、极简抽象派艺术和奢华具象派艺术、需求和吸引力、功能性和美观性，既精致又令人难以忘怀，超出了开发商与业主的原始预期。

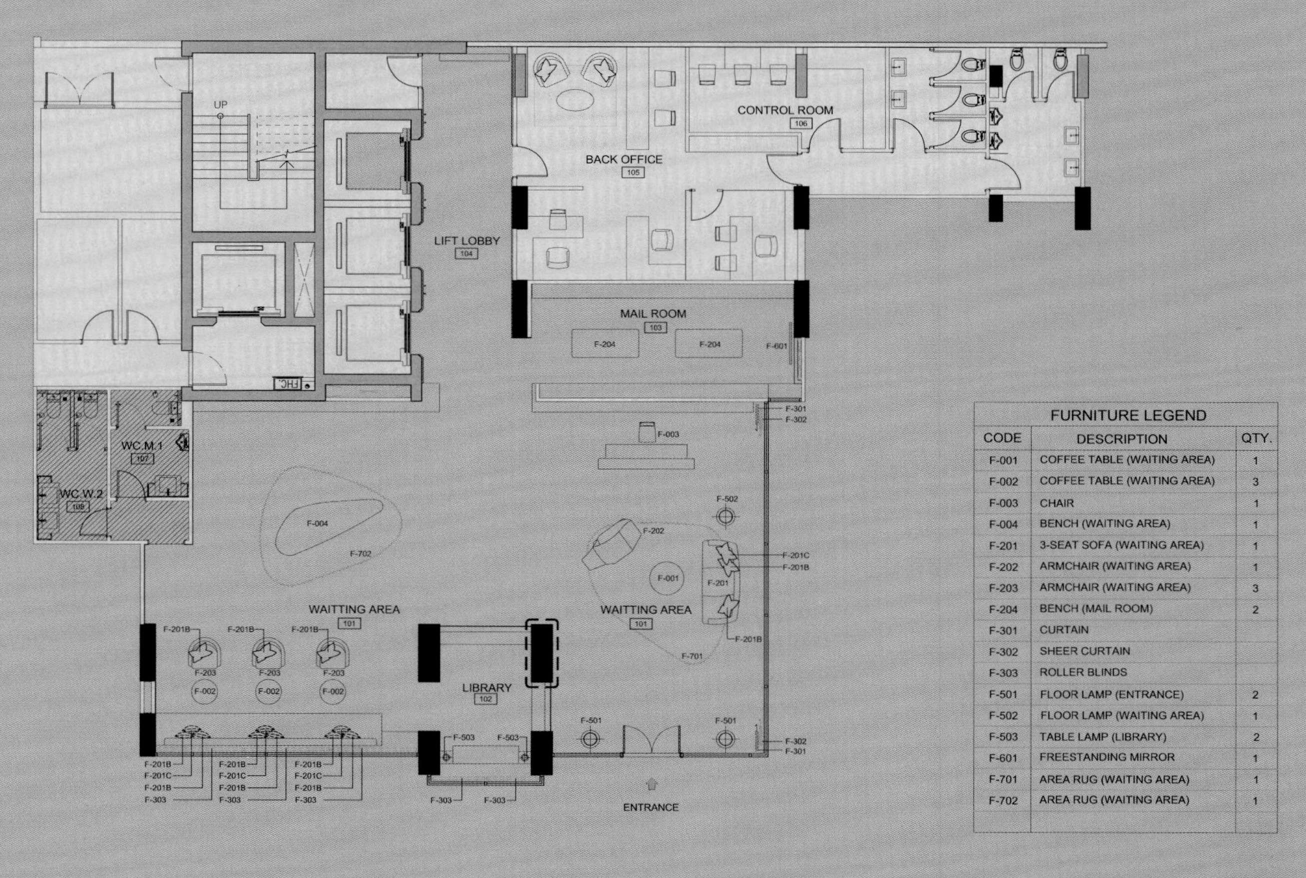

FURNITURE LEGEND		
CODE	DESCRIPTION	QTY.
F-001	COFFEE TABLE (WAITING AREA)	1
F-002	COFFEE TABLE (WAITING AREA)	3
F-003	CHAIR	1
F-004	BENCH (WAITING AREA)	1
F-201	3-SEAT SOFA (WAITING AREA)	1
F-202	ARMCHAIR (WAITING AREA)	1
F-203	ARMCHAIR (WAITING AREA)	3
F-204	BENCH (MAIL ROOM)	2
F-301	CURTAIN	
F-302	SHEER CURTAIN	
F-303	ROLLER BLINDS	
F-501	FLOOR LAMP (ENTRANCE)	2
F-502	FLOOR LAMP (WAITING AREA)	1
F-503	TABLE LAMP (LIBRARY)	2
F-601	FREESTANDING MIRROR	1
F-701	AREA RUG (WAITING AREA)	1
F-702	AREA RUG (WAITING AREA)	1

一层平面配置图

LOBBY FOR CITTC XI GUAN HAI

中信西关海入户大堂

设计公司：广州华地组环境艺术设计有限公司 / 设计师：曾秋荣、曾冬荣、张伯栋 / 项目地址：中国广东省广州市 / 项目面积：874 平方米
主要材料：普罗旺斯大理石、帝诺米黄大理石、橡木饰面、工艺玻璃、铜色不锈钢 / 摄影师：黎泽健

本案大堂以工艺玻璃、铜色不锈钢以及橡木相结合打造墙面和墙饰，点缀小面积亮丽的色彩，给人以全新的视觉感受，搭配大堂中璀璨、轻盈的花瓣状吊灯，营造优雅、时尚的空间氛围。

本案设计的亮点是与当地文化紧密相连。大堂的门厅以及接待区的窗户都以大幅镜面装饰，室内与户外形成良好的互动，这种从私密空间延展到公共室外环境的设计，不仅延展了业主的客厅区域，同时也满足了当地传统世家互相往来、交流的需求，契合了当地浓郁的文化氛围。

豪宅档案

1. **区位优势**：紧临珠江边，毗邻青年公园、荔湾湖公园，是中信地产又一多元化与国际化并存的高端住宅，其文化气息浓郁，环境优美，为业主打造终身私享的高端生活社区
2. **单价**：33 000 元 / 平方米
3. **开发商**：中信地产广州投资有限公司
4. **建筑形式**：高层住宅
5. **建筑特征**：首层全部是架空连廊且楼层较高，达 5~6 米
6. **容积率**：3.10
7. **绿化率**：30%
8. **户型面积**：150~350 平方米
9. **景观特点**：临近荔湾湖公园，50 万平方米的超大规模景观园林、1 000 米的江岸休闲步道
10. **配套资源**：周边配套包括荔湾区奥林匹克少年学院、广州市商贸高级职业技术学校、华大培训学校等教育设施，以及康宁医院、广州仁爱医院、南澳美食店、荔南明珠酒楼、中国石化黄沙加油站等生活服务设施

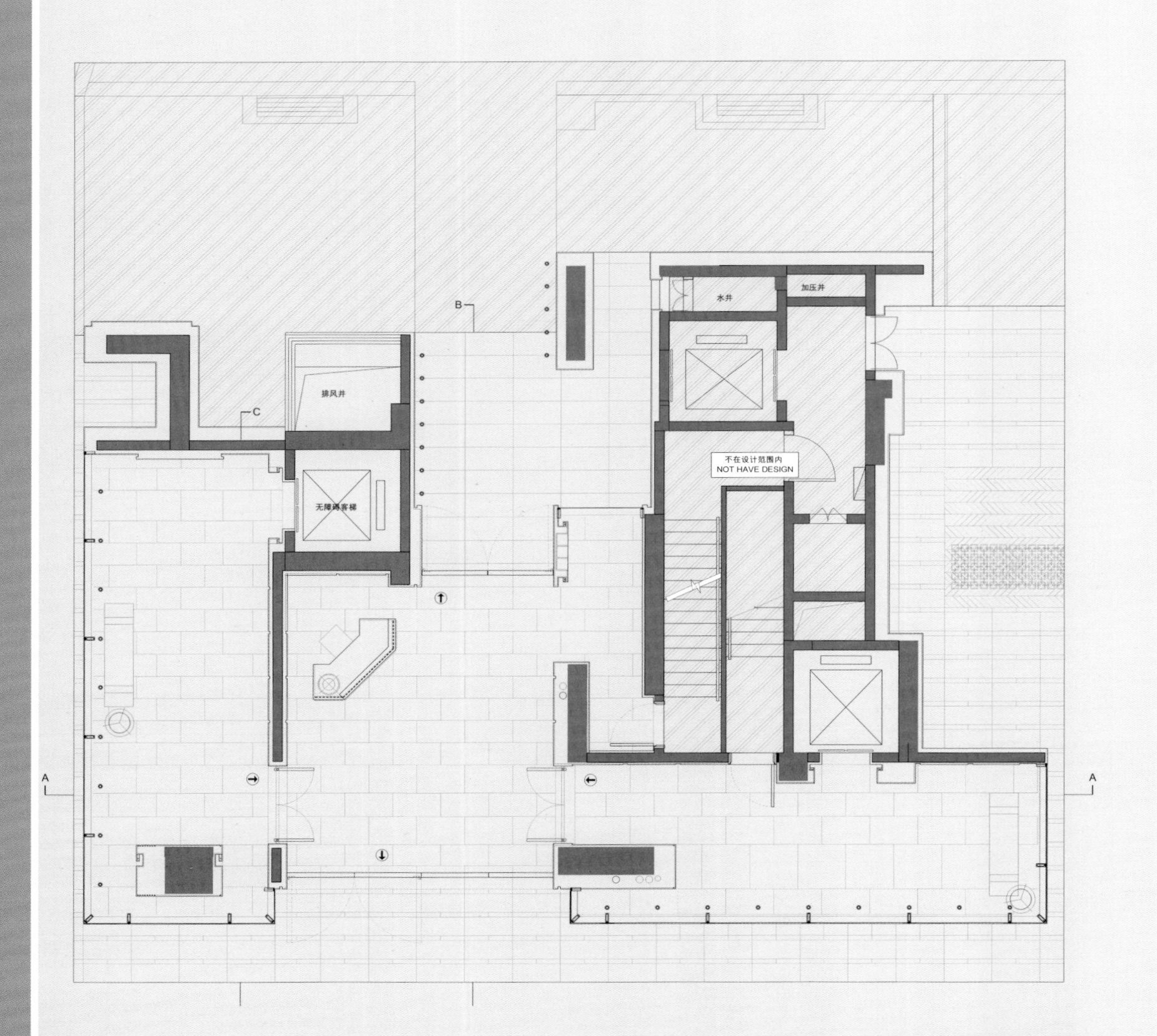

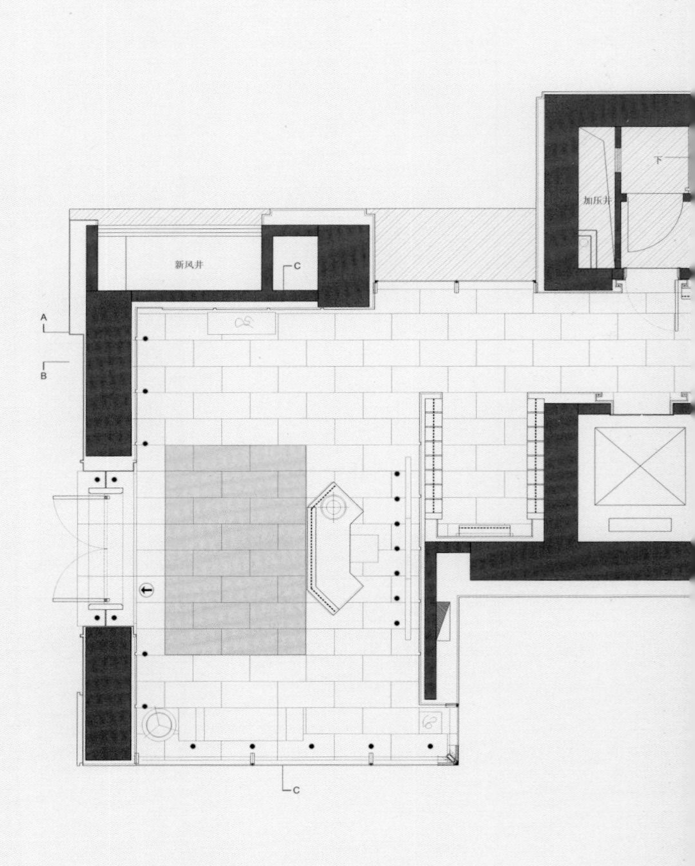

A栋大堂平面配置图

设计说明

在老西关核心区域，传统世家望族聚居的文脉之地，设计师精心构筑的、传承西关大宅文化精髓的中信西关海，成为众多新贵家族的梦想家园。

本案力求打破传统居所的平庸入户，为梦想家园打造一个奢华且不张扬的酒店式入户大堂。雍容华贵的公共走廊、高档面砖拼花工艺、璀璨奢华的配饰设计，共同塑造了一个灵动的品位空间，处处洋溢着温馨、典雅、豪华、时尚的气息，营造了和谐、高雅的人居环境。

设计师充分重视室内外空间的衔接，揽园入内，成功地使住宅大堂与园林景观、江岸无缝对接，打破室内外的空间界限，形成递进式分区，使公共空间更加丰富。舒适的尺度，宜人的空间，出入之间，私享的尊荣如影随形。更值得一提的是，大堂从养心、养神的需求出发，不仅践行"泛客厅"的居住理念，更将业主接友待客的空间，从私密空间延展到公共室外环境。这里既是业主客厅的延续，更是邻里间亲近交流的平台。室内外空间联系与流通，活跃了日渐冷漠的城市邻里关系，让"西关大屋"的人文情怀在这里得以延续。

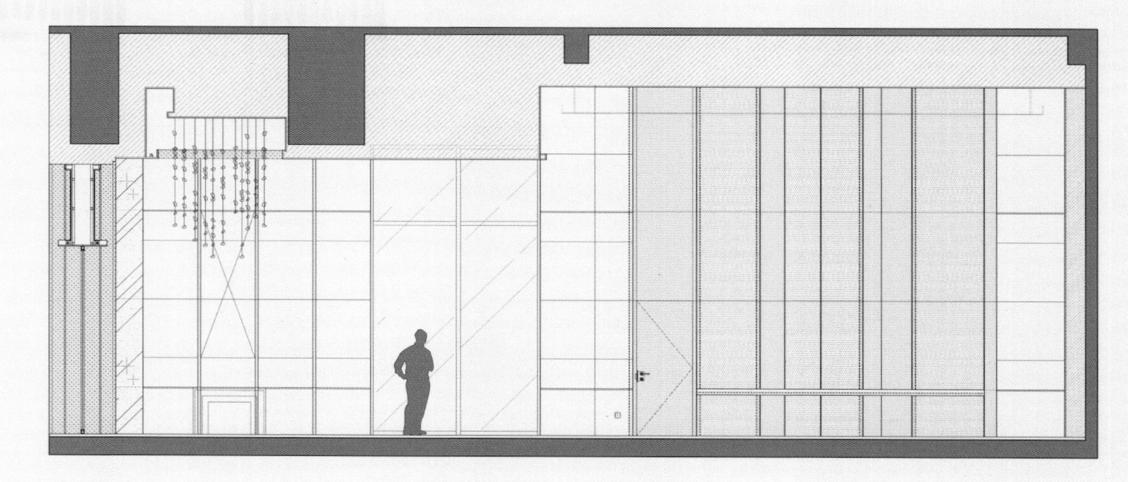

A栋大堂剖立面图 A

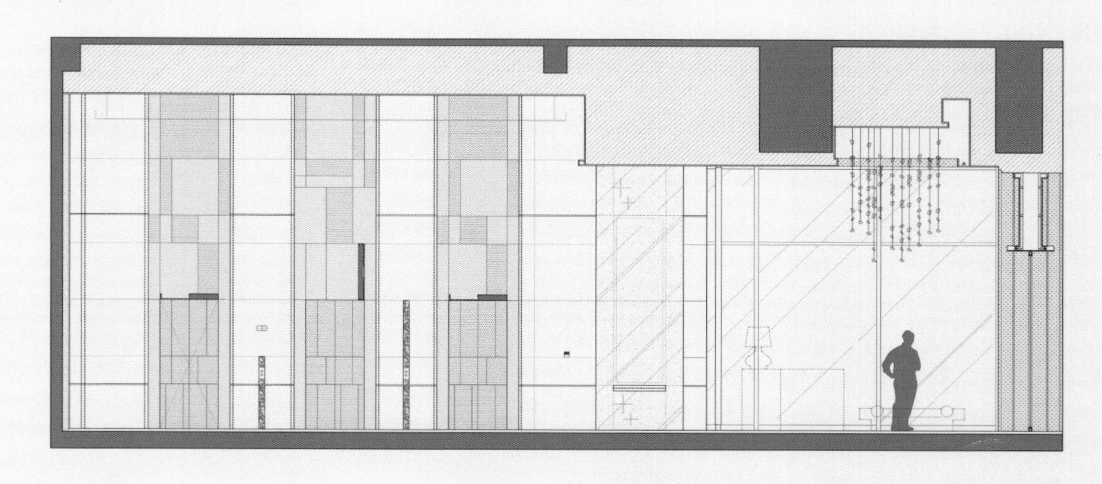

A栋大堂剖立面图 B

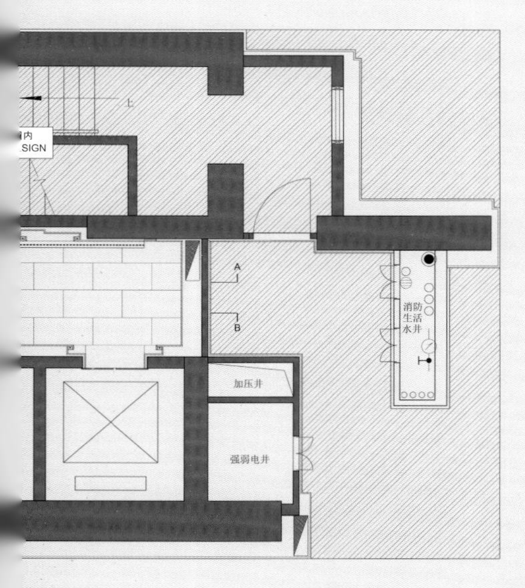

B栋大堂平面配置图

A栋大堂剖立面图 C

B栋大堂剖立面图 A

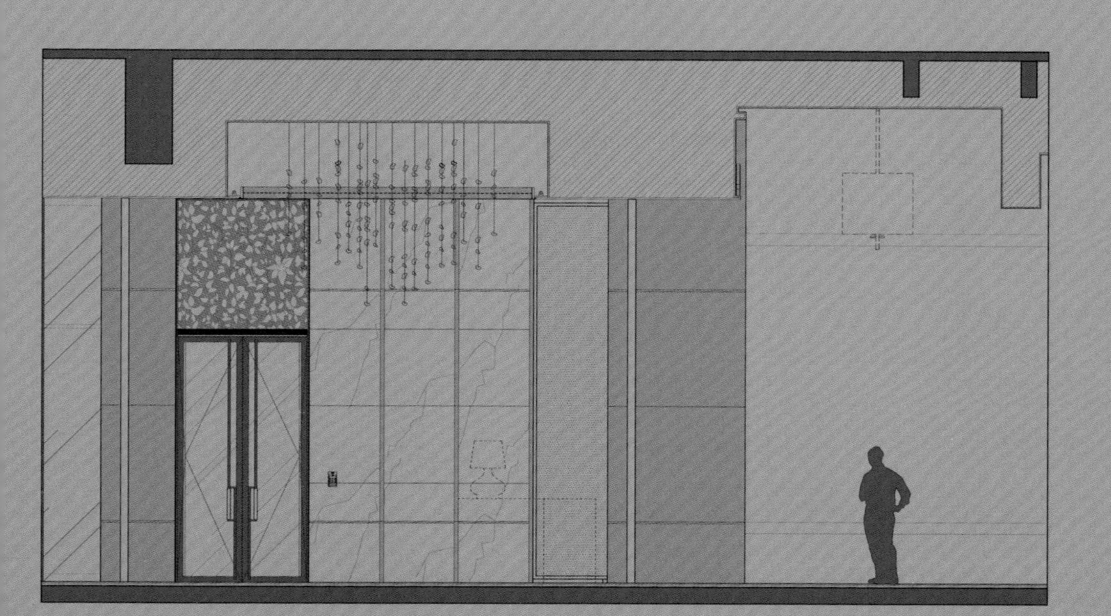

B栋大堂剖立面图 B

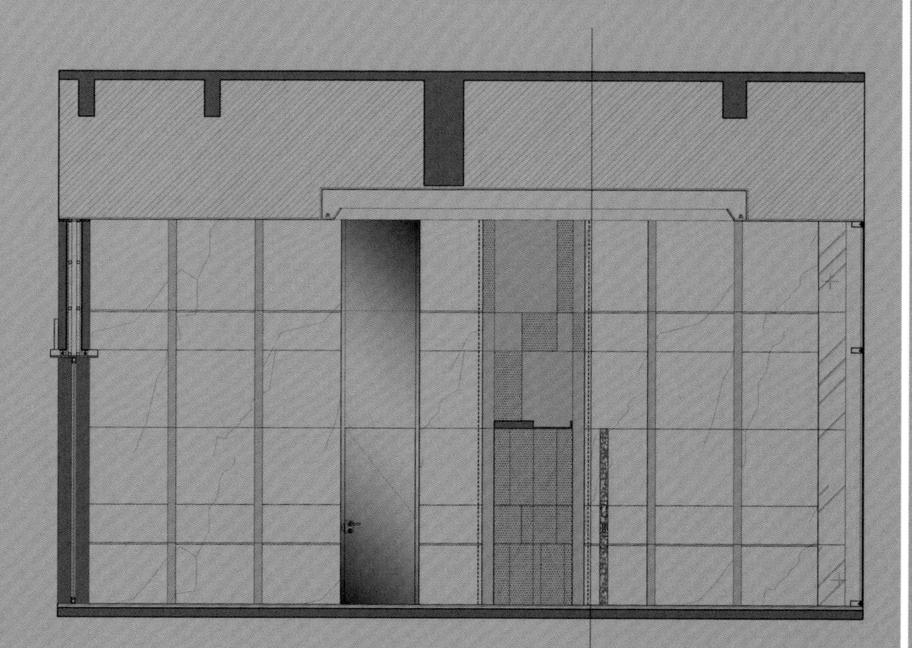

B栋大堂剖立面图 C

PUBLIC FACILITIES FOR CHENG FENG

城峰公共空间

设计公司：诺禾设计 / 设计师：萧凯仁 / 项目地址：中国台湾省桃园县 / 项目面积：650 平方米

主要材料：橄榄绿花岗石、塑铝板、干挂砖、银狐大理石、波斯灰大理石、镀钛金属、胡桃木、柚木

本案选用银狐大理石、波斯灰大理石、镀钛金属等材料，使空间富有质感，彰显出如艺术馆一般的高贵气质。

室内设计现代、时尚。大厅墙面以上翻折叠的木皮造型装饰；入口主墙面以银狐大理石堆栈山陵线的波浪线条；大厅艺廊墙面将柔美的线条与光线巧妙结合，形成如白色布幔翻飞的视觉效果，优雅且富有艺术感。

豪宅档案

1. **区位优势**: 坐落于桃园县新站特区成功路树海豪宅特区，“城峰”站位于树海大景第一排，坐拥广阔的树海景观，前临桃园农工，后临青溪中学，天然的极景栋距，视野无人可挡；以水为镜，反射光影，美术馆与住宅建筑的结合，带来美学与生活相融的震撼
2. **单价**: 23 636 元 / 平方米
3. **开发商**: 五十甲建设开发股份有限公司
4. **建筑形式**: 住宅大厦、店面
5. **建筑特征**: 双塔式的壮阔尺度，LIGHT GALLERY 式设计；公共空间比为 33~35%
6. **容积率**: 2.0
7. **绿化率**: 40%
8. **户型面积**: 238~363 平方米
9. **景观特点**: 无边际泳池空中花园
10. **配套资源**: 紧临高架捷运化，交通动线佳

设计说明

本案为双塔式建筑，两栋高耸的建筑拥有壮阔的尺度，中间为无边际的泳池，无人可挡的开阔视野，稳居区域中心豪宅之首。室内公共空间的设计以经典的现代建筑语汇作为美学的概念架构，运用层叠手法与利落的线条，勾勒大气的空间尺度，大厅墙面上上翻折叠的木皮造型犹如绵延不绝的山峰，入口主墙使用铁件，让银狐大理石侧面层层直立，堆栈山陵线的波浪线条。另外，将美术馆的理念注入空间，高挑的大面积落地窗、区块的艺廊设计，在串联两栋大厅廊道空间的同时营造了雅致、宁静氛围。公共空间将美术馆的气氛与住宅建筑的温度相结合，成就了高雅、亮丽的美学空间。

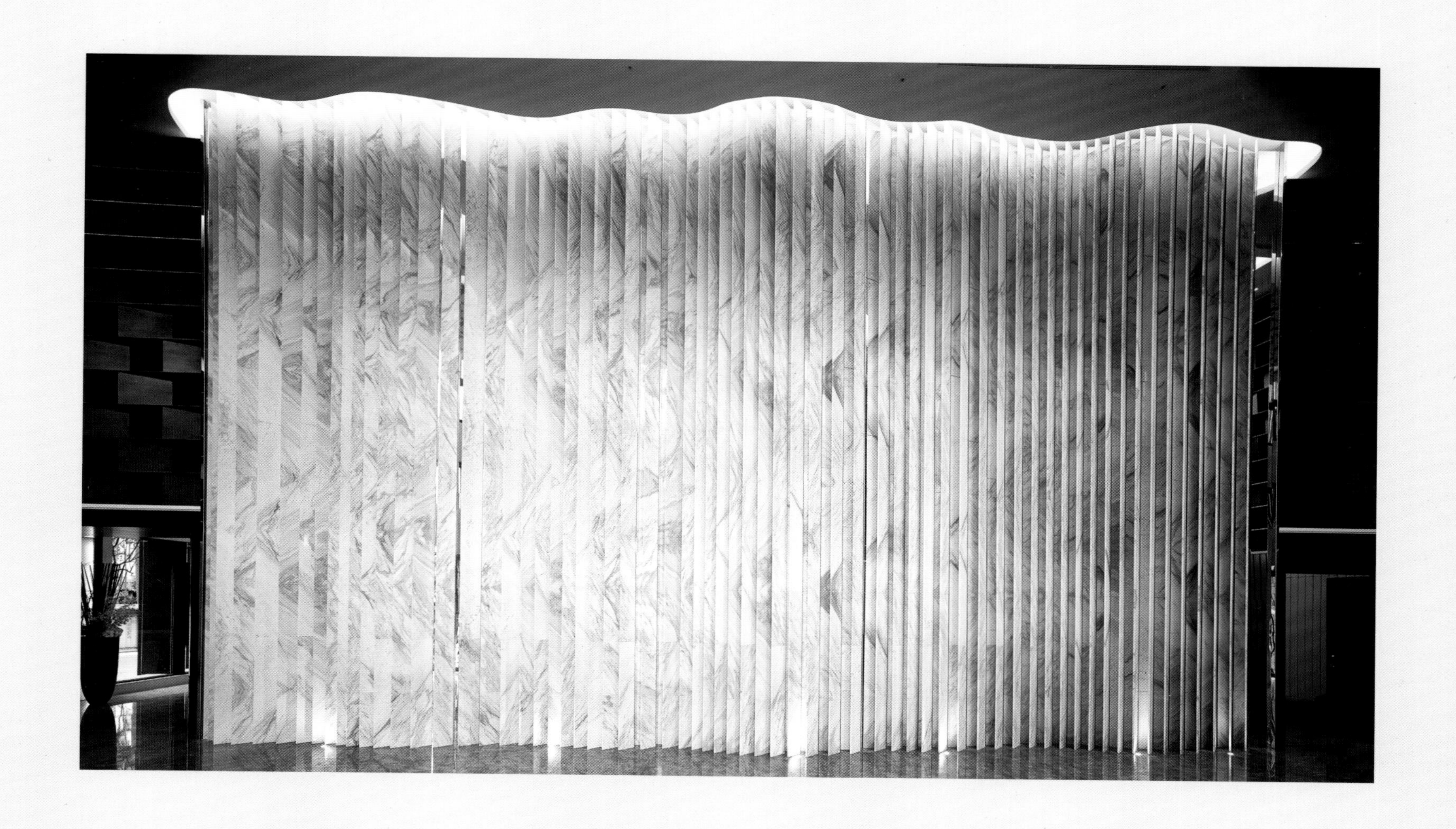

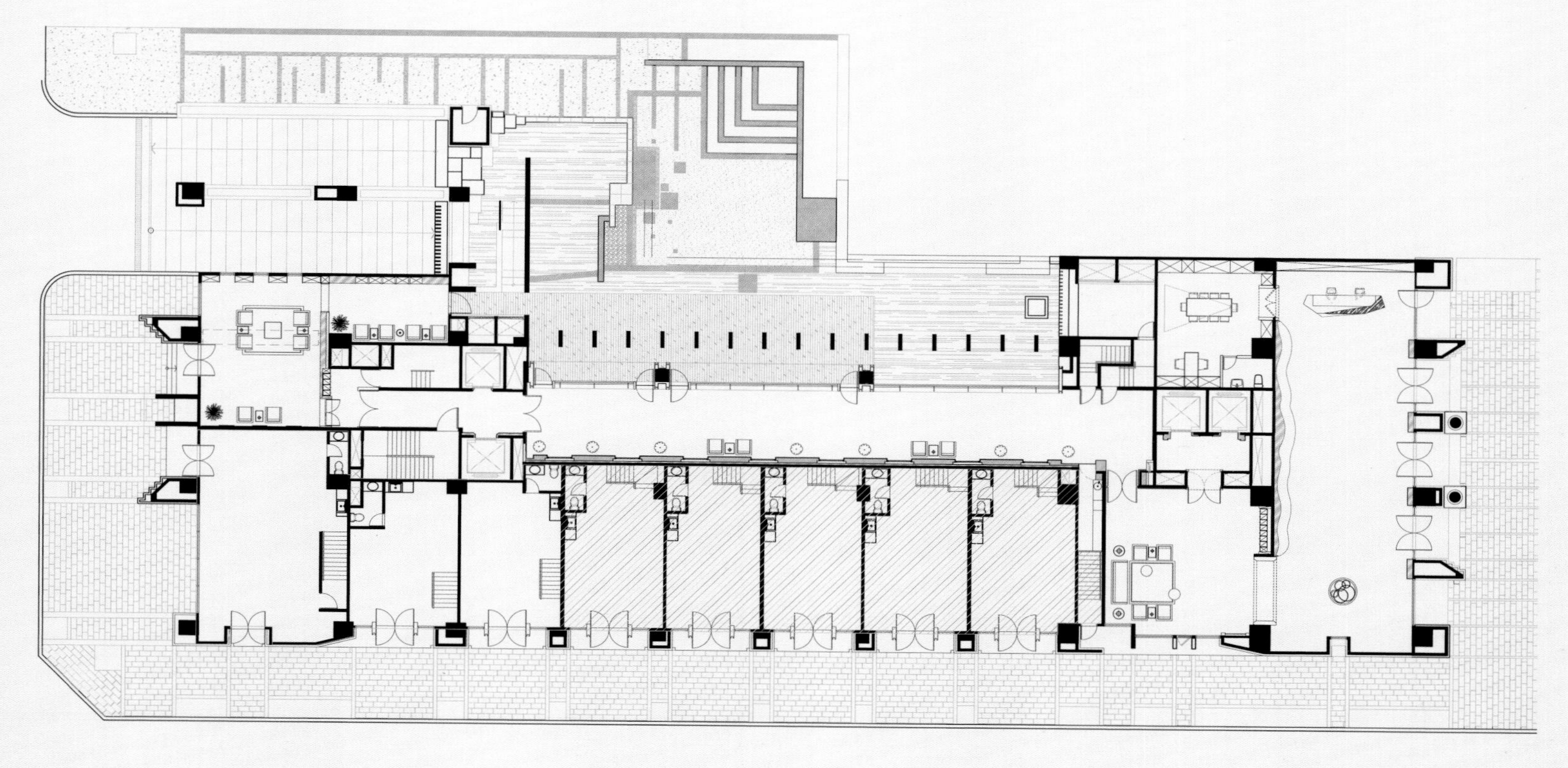

一层平面图

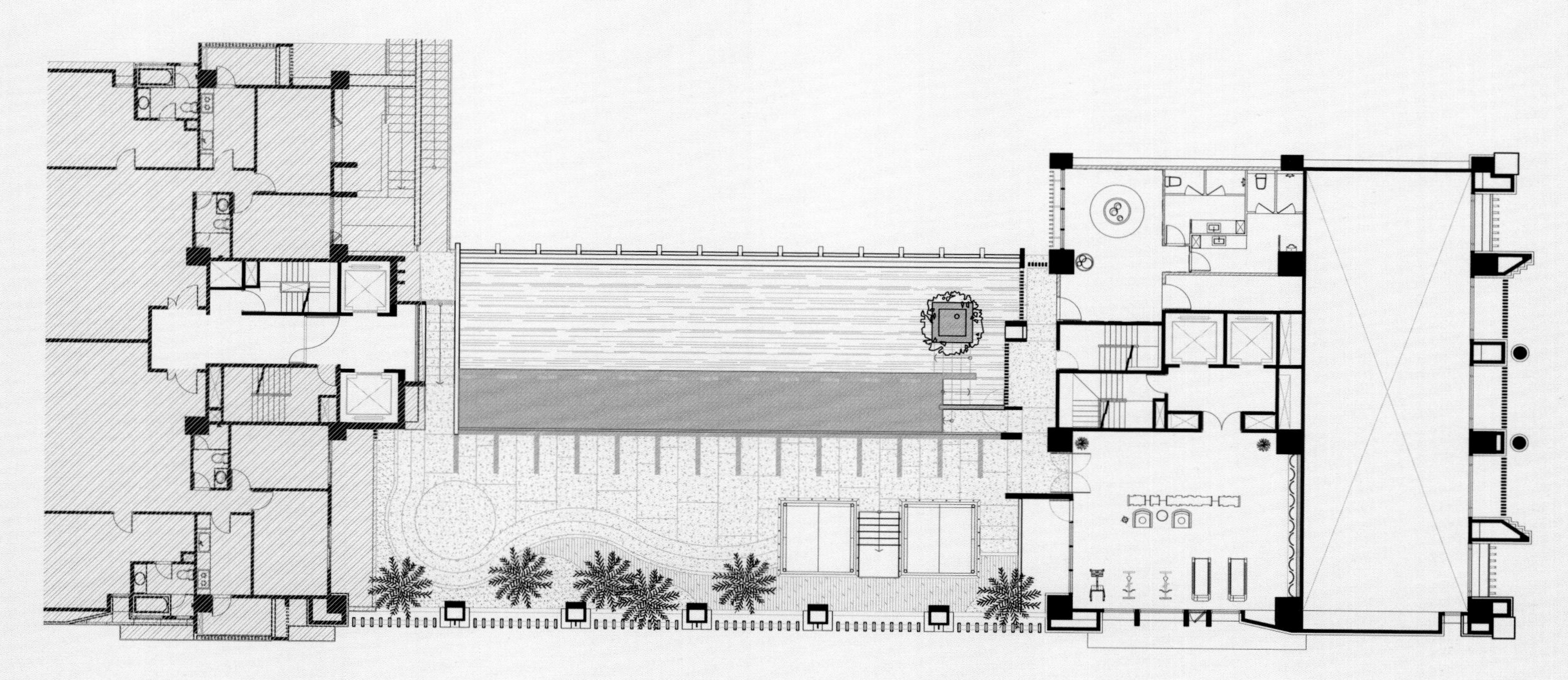

二层平面图

CERAMIC DESIGN
Corporate Interiors

POOLS

MATRIX

NEST OF DREAMS

澄碧阁大堂

设计公司：维斯林室内建筑设计有限公司 / 设计师：Wesley Liu/ 项目地址：中国澳门 / 项目面积：48.2平方米
主要材料：黑色不锈钢、玻璃嵌板、黑色花岗岩、云石、石板、薄石板、镜子、灯 / 摄影师：Wesley Liu、Kenneth Yung

本案设计富有创意且极具梦幻色彩。“飞鸟成群，欢快归林”这一景象在光影的变换中栩栩如生。地面与墙面皆以大地色大理石铺装，花岗岩墙面上均匀放置的正方形图案背景光增加了空间的厚重感，营造了一个美丽、深邃的丛林秘境。
在色彩运用上，空间以暖色调为主，大堂橙色的背景墙在灯光的照耀下泛着柔和的光晕，渲染着家的温暖与舒适，给疲倦归来的业主以强烈的归属感。

豪宅档案

1. 区位优势：拥有超大花园，可俯瞰城市和维多利亚港
2. 建筑形式：公寓式住宅，总共12层，每层2套
3. 绿化率：30%

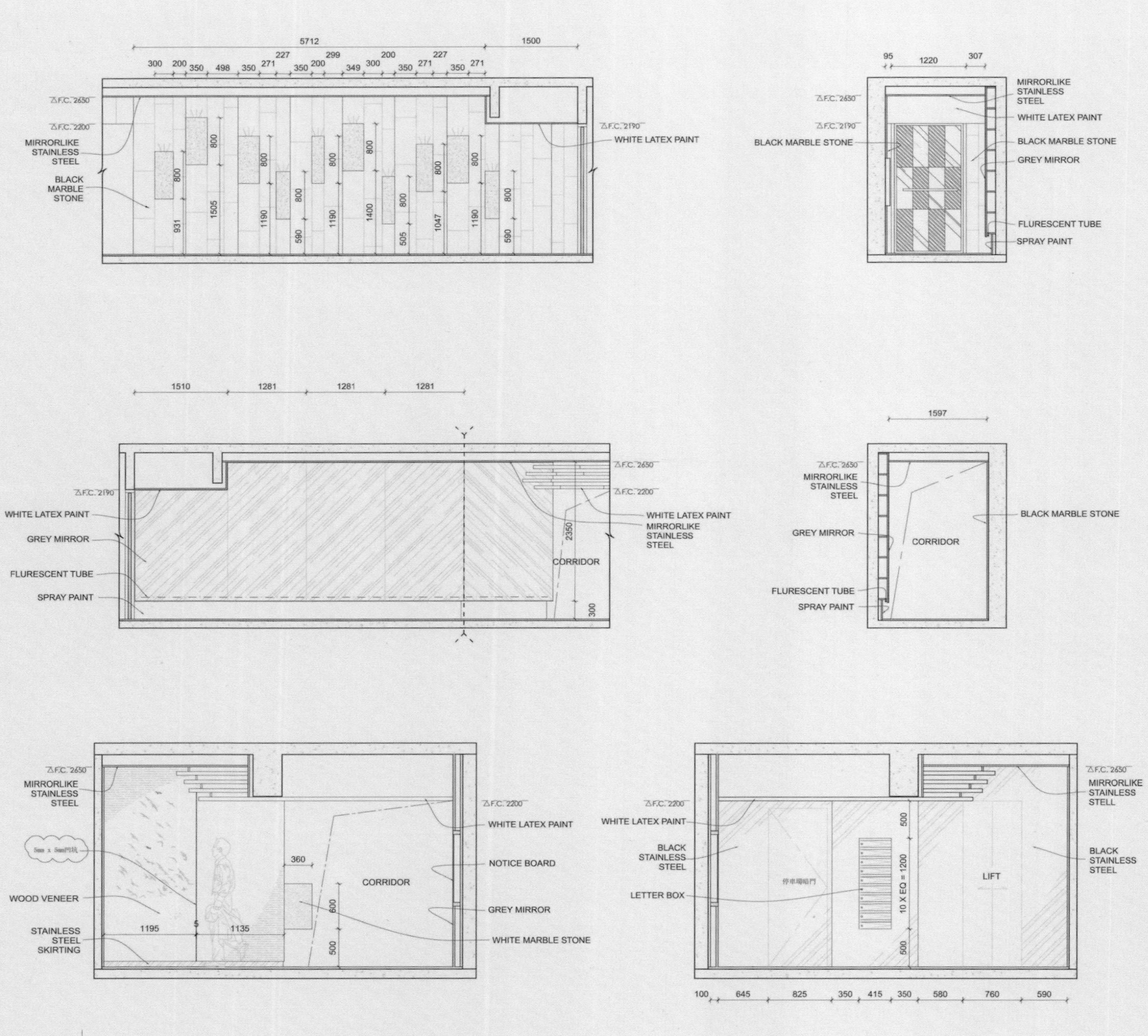
5712
1500
MIRRORLIKE STAINLESS STEEL
BLACK MARBLE STONE
WHITE LATEX PAINT
WHITE LATEX PAINT
BLACK MARBLE STONE
GREY MIRROR
FLURESCENT TUBE
SPRAY PAINT
1510
1281
1281
1281
WHITE LATEX PAINT
GREY MIRROR
FLURESCENT TUBE
SPRAY PAINT
WHITE LATEX PAINT
MIRRORLIKE STAINLESS STEEL
CORRIDOR
1597
MIRRORLIKE STAINLESS STEEL
GREY MIRROR
CORRIDOR
BLACK MARBLE STONE
FLURESCENT TUBE
SPRAY PAINT
MIRRORLIKE STAINLESS STEEL
WOOD VENEER
STAINLESS STEEL SKIRTING
WHITE LATEX PAINT
NOTICE BOARD
CORRIDOR
GREY MIRROR
WHITE MARBLE STONE
WHITE LATEX PAINT
BLACK STAINLESS STEEL
LETTER BOX
LIFT
MIRRORLIKE STAINLESS STEEL
BLACK STAINLESS STEEL
10 X EQ = 1200

大堂立面图 1

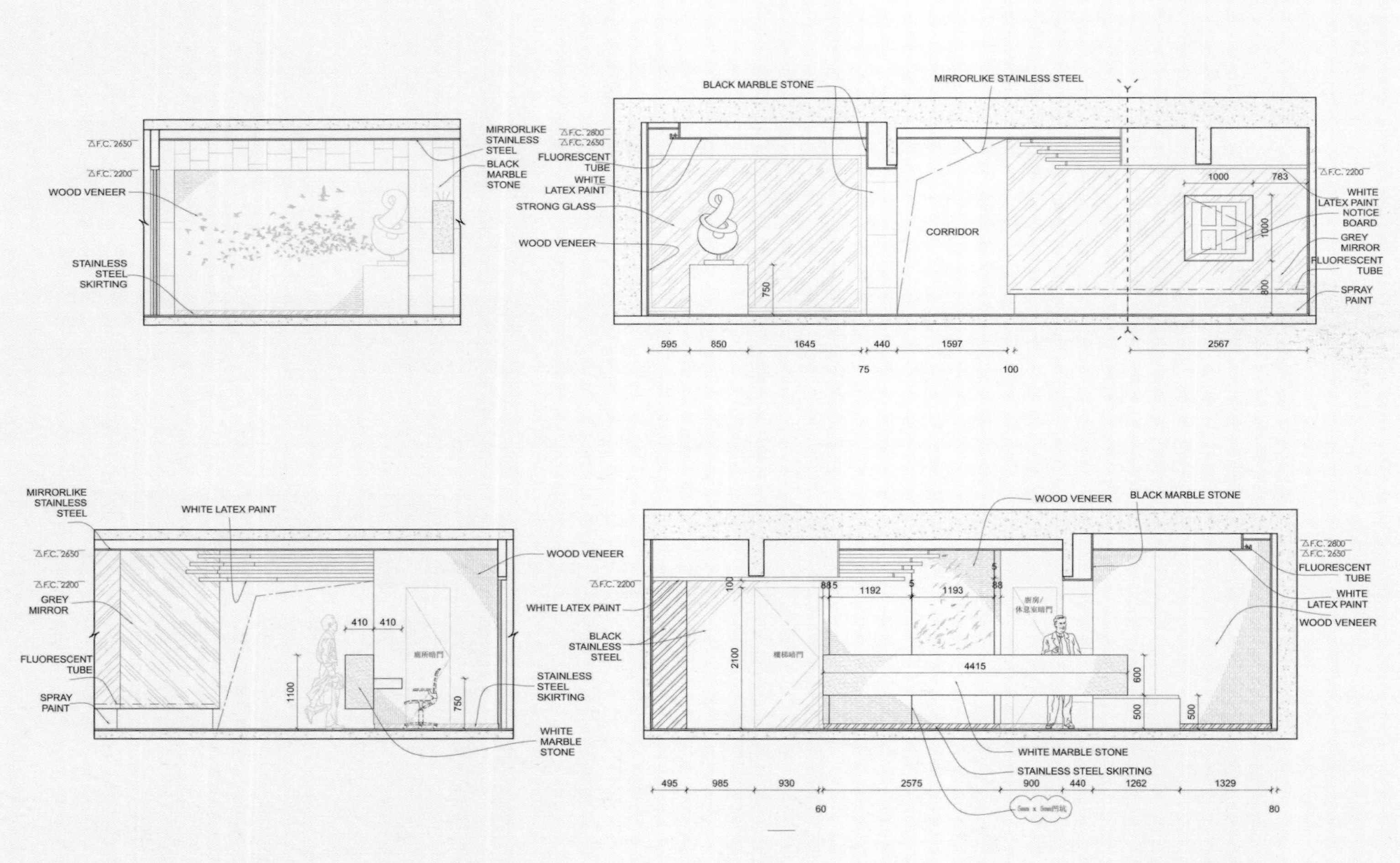

MIRRORLIKE STAINLESS STEEL
BLACK MARBLE STONE
FLUORESCENT TUBE
WHITE LATEX PAINT
WOOD VENEER
STAINLESS STEEL SKIRTING
STRONG GLASS
CORRIDOR
NOTICE BOARD
GREY MIRROR
SPRAY PAINT
BLACK STAINLESS STEEL
WHITE MARBLE STONE
STAINLESS STEEL SKIRTING

大堂立面图 2

设计说明

欢迎回到美丽的梦巢

心之所在即为家！家是让人们真正自由的港湾。每当繁忙的一天结束后，人们总是像那成群的鸟儿一样飞回这个安全的避难所；它带来了家庭的和睦、温馨，让人们为明天而做好准备。

这就是本案酒店的设计理念——美丽的前奏展示了鸟巢之元素，为人们描绘了一个安全之所；在那里，人们可让生命高飞、让梦翱翔。

在进入大厅以前，有一条受欢迎的羊肠小道。停车场入口比一般的较大，尽收停车场内风景；正门入口处是黑色不锈钢墙面，与洁净的玻璃嵌板形成鲜明的对比，这使明亮的自然光成为它不可或缺的一部分。

再往前走，温馨、别致的树林旁边黑色花岗岩和其他石板形成强烈的色彩对比，家的感觉油然而生。为了呈现空间元素，镜子和灯常用于点缀天花板和突出走廊空间。

门房天花板上设计了一种网状图案，构成了鸟巢的构筑方式——鸟巢的各个部分环环相连，形成一个安全的庇护所。

舒适、耀眼的鸟状图案由两背光面板组成，这是建筑的主要亮点，集合了设计主题的图形部分。放眼一望，仿佛是开满沟槽的鸟儿图案；当走近时，才发现它由两块主要面板经反射而形成，从而巧妙地营造了这一独特的风景。

花岗岩墙面上均匀放置的正方形图案背景光使空间结构看起来厚重、安全而坚固。

为了进一步证明鸟巢的安全性和牢固性，它的电梯内均使用耐重载荷材料，外面镶嵌地砖和薄石板，使鸟巢更加优雅。

建筑边缘点缀了数件艺术作品，它们都是经过精心挑选，以体现树林的主题——自然、温馨，这也成为这个美丽鸟巢的精髓。

设计理念在于向事业有成的有志之士提供一场省亲欢迎会。它的独特之处在于通过迷人的树林以及飞鸟般的灯饰从视觉上真实地再现美丽、和谐的鸟巢，维持了鸟巢的全貌。

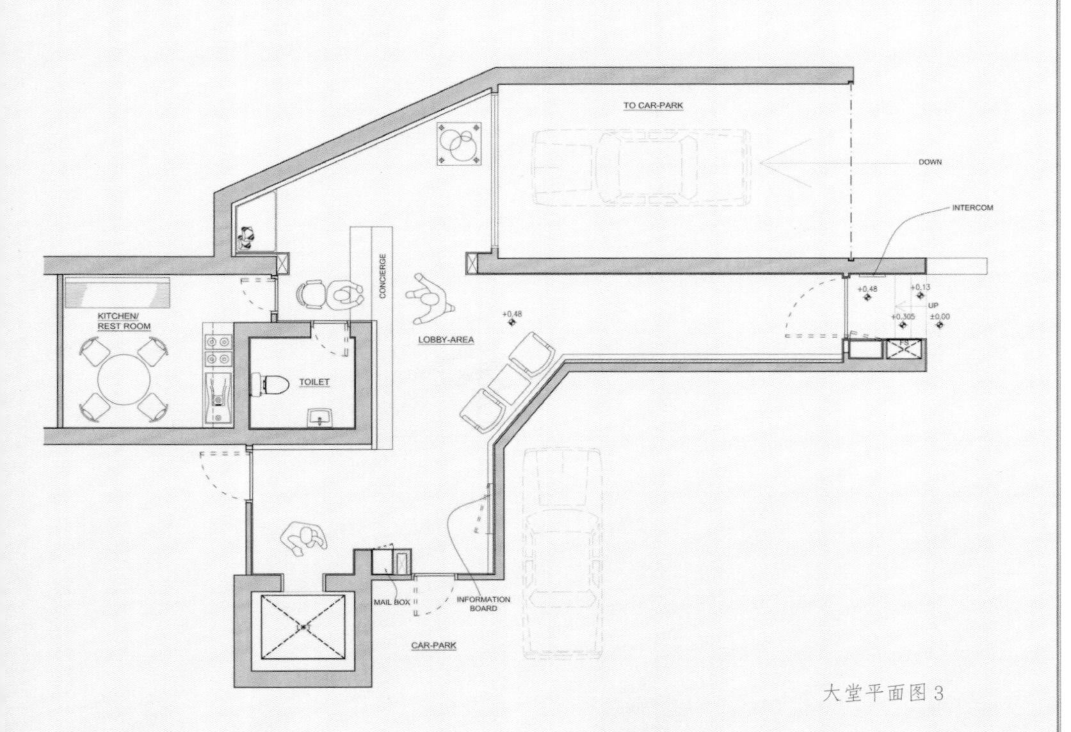

大堂平面图 3

LOBBY FOR HUIJING HILTON CENTURY SHUANGZI HOTEL

汇景希尔顿世纪双子酒店大堂

设计公司：刘伟婷设计师有限公司 / 设计师：刘伟婷 / 项目地址：中国广东省东莞市 / 项目面积：475 平方米
主要材料：大理石 / 摄影师：Dennis Fung

纹理、造型各异的墙面成为空间中优美的旋律，配以造型时尚、优美的水晶灯，给人以独特的视觉感受。沙盘区的波浪形大理石与金属相拼接，此起彼伏的墙面碰撞出奇妙的视觉效果，配以柔美、华丽的瀑状花形水晶吊灯，富有浓郁的艺术气息。

本案在色彩运用上也极为亮眼。空间以灰白色的大理石为主材质，而浅青色的天花壁灯和大红色的艺术玻璃拼花则为空间增添了一抹亮色，使空间更加生动、活泼。

豪宅档案

1. **区位优势**：属于东莞厚街中心标志片区，交通快捷，周边汇聚 70 万高端人群、1 400 家外企、4 200 家大型民企，是政治、经济、文化信息的最新集散地
2. **开发商**：汇景集团有限公司
3. **建筑形式**：住宅、酒店式公寓
4. **建筑特征**：外形设计标新立异，呈长方形、弧形排布，与希尔顿酒店融为一体
5. **绿化率**：20%
6. **建筑面积**：35~50 平方米的单间、1 房 1 厅，70~106 平方米的 2 房、3 房
7. **景观特点**：天际泳池、花园玻璃宴会厅，150 000 平方米的体育公园
8. **配套资源**：周边配套包括 KTV、品牌旗舰店、华润万家等 3 大购物广场、7 大银行，汇聚成百万平方米的 CLD 城市综合体，繁华近在咫尺；另外包括厚街中学、厚街中心幼儿园、厚街医院等教育医疗资源

设计说明

华丽时尚，气度万千

本案致力于为营造更有品位、更有质感的情境，将古典与现代两种特色融入风格设计，同时不忘结合艺术感官，用心追求真善美的至高境界。如同艺术会馆一般，一进门走进大堂，充满艺术气息的装潢，好像钢琴键盘般流畅、优雅，闪耀着建筑美学的光华。镶嵌细致的大理石、艺术玻璃拼花及悬吊于天花板的水晶灯交相辉映，洋溢着浓郁的艺术气息，给人以独特的视觉感受。

LOBBY FOR SANHUA MODERN CITY (PHASE III) JINLAN COURT, SHANGHAI

上海三花现代城 III 期金兰苑住户大堂

设计公司：孟思设计有限公司 / 设计师：黎国良 / 项目地址：中国上海市 / 项目面积：45平方米
主要材料：灰木纹石、卡撒灰石墙身、新古堡灰、水云纱、深啡网纹石地台 / 摄影师：李国民

本案大堂廊道中几何形状的地板纹理和墙面上利落的线条设计，营造了硬朗、奢华的空间氛围。而仔细揣摩，却别有一番韵味。精心设计的几何图案形成律动的音符；门厅墙面上的线条弯曲回旋，似动人的曲调，百转千回；透过门厅上方透明的玻璃板，时尚、个性而富有古典美的水晶吊灯若隐若现，于微妙处唤起人们对经典岁月通花工艺的回味。

色彩运用上，本案主要以温暖的灰白色为主调，稳重而不失优雅。地面上深浅不一的几何图案巧妙拼接，划分出各个功能区域；廊道尽头悬挂着两条对称的黑色丝绒挂帘，使空间更加庄重、大气。

豪宅档案

1. **区位优势**：紧临商圈，交通便利，周边大型超市、学校、医院、餐厅等一应俱全，生活方便，让业主尽享品质生活
2. **单价**：30 000~48 000 元 / 平方米
3. **开发商**：上海境逸房地产有限公司
4. **建筑形式**：小高层住宅公寓
5. **建筑特征**：新现代主义风格
6. **容积率**：1.66
7. **绿化率**：45 %
8. **户型面积**：60~140 平方米
9. **景观特点**：景观设计以西方园林的几何形体美学为基础，讲求建筑、人与自然之间的沟通与融合。建筑以 7 000 平方米的开放式中央花园为中心围合布置
10. **配套资源**：周边配套包括生态园林、江湾医院、交大附中、复兴中学、大柏树商圈、易初莲花超市、景瑞商业广场、百安居、沃尔玛等

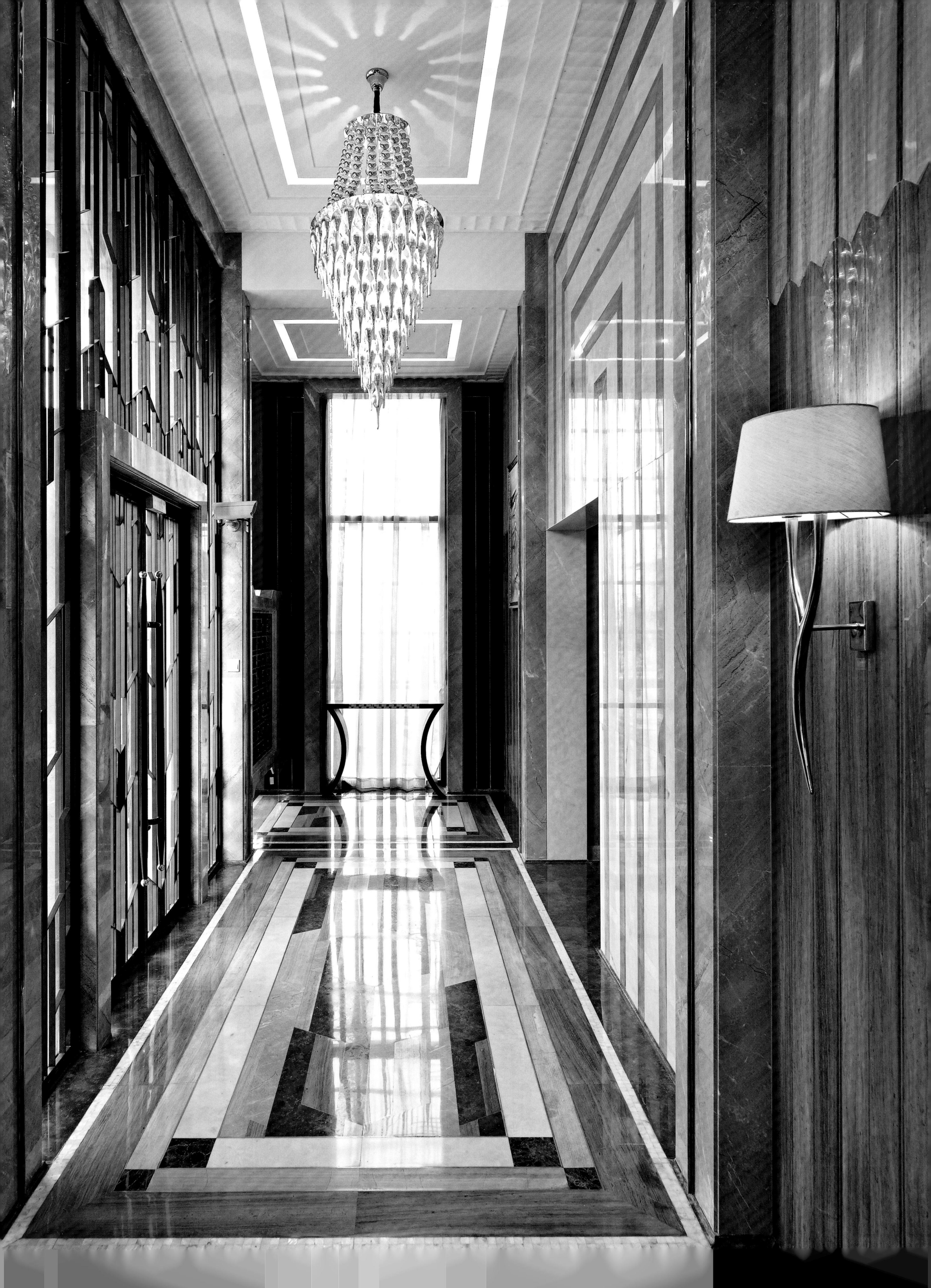

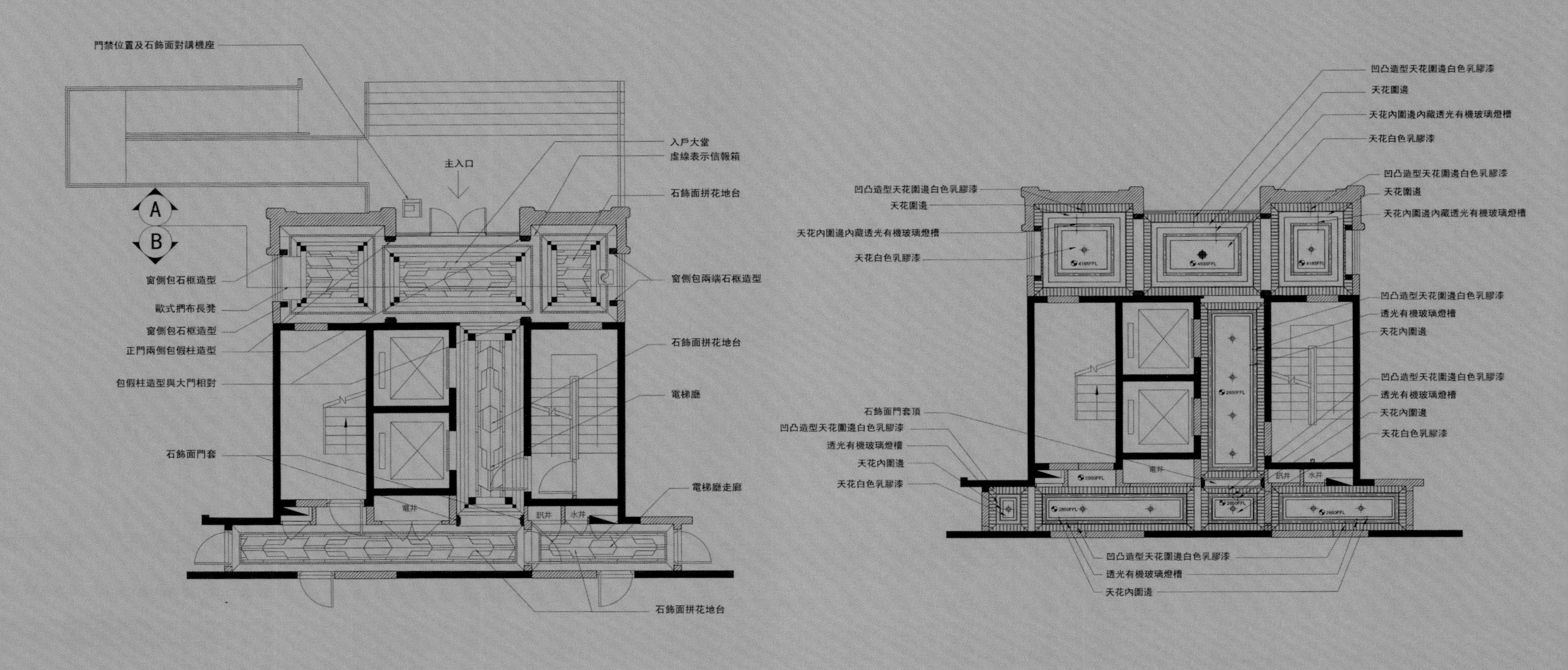

平面图

天花板图

设计说明

住户大堂的内装源自20世纪20年代大上海张扬的个性。在紧扣的空间轴线布局之上，陈列着各种精致的装饰物，旨在彰显独特的生活品位这些经过精心设计的图案与线条的比例、面材肌理以及微妙变化的尺度，配以光影所产生的多层次感观，共同营造一幕追寻完美境界的生活文化场景。

这一切不是要炫耀奢华，而是要呼唤业主对生活态度的认真和坚持，唤醒在浮躁的年代中对生活细节的回归和玩味。

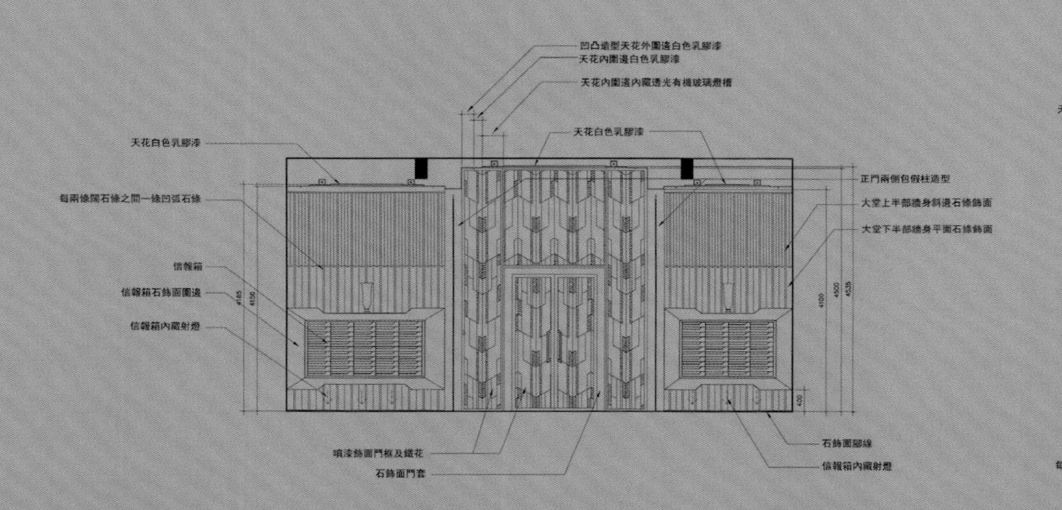

立面图1

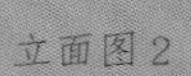

立面图2

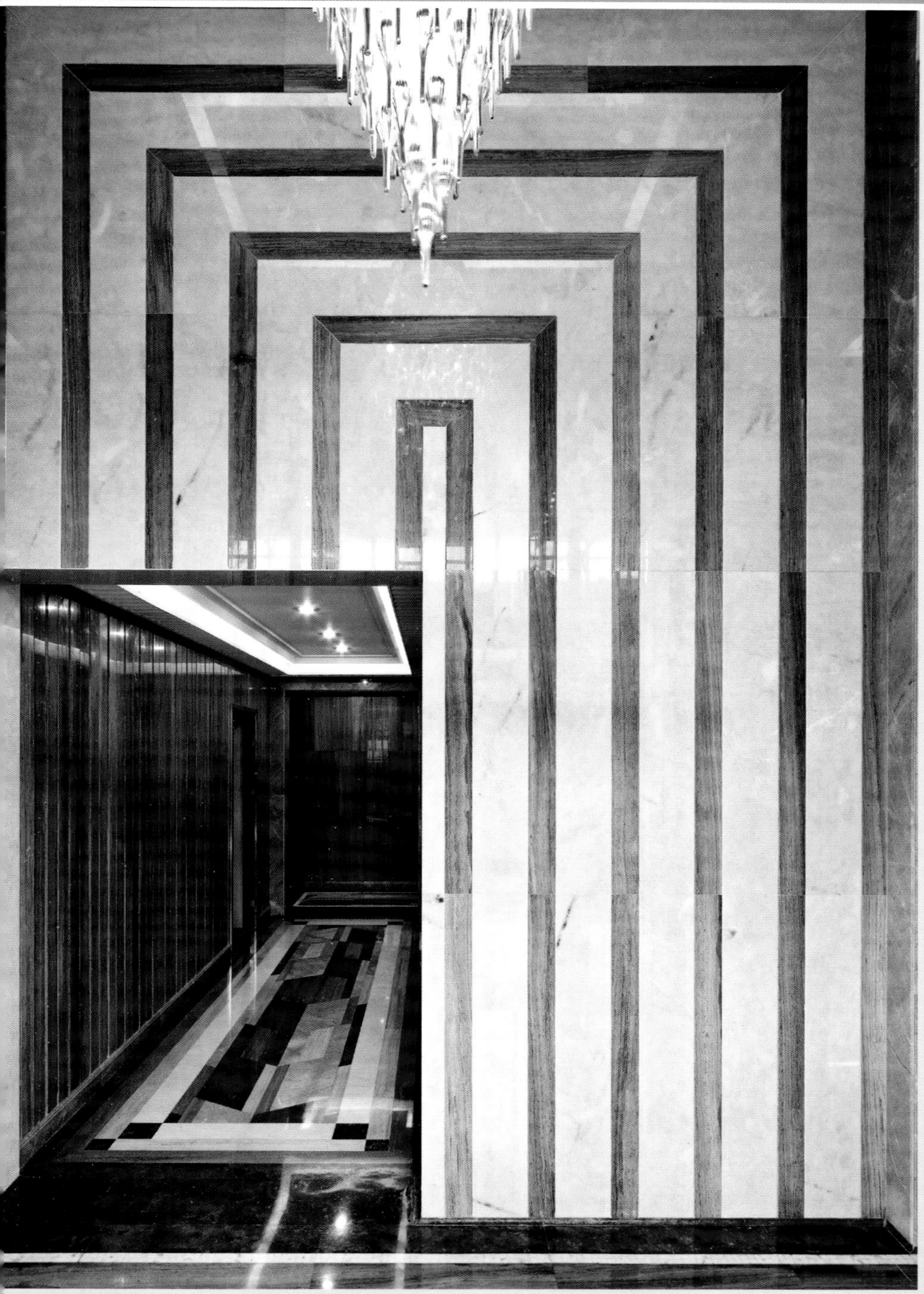

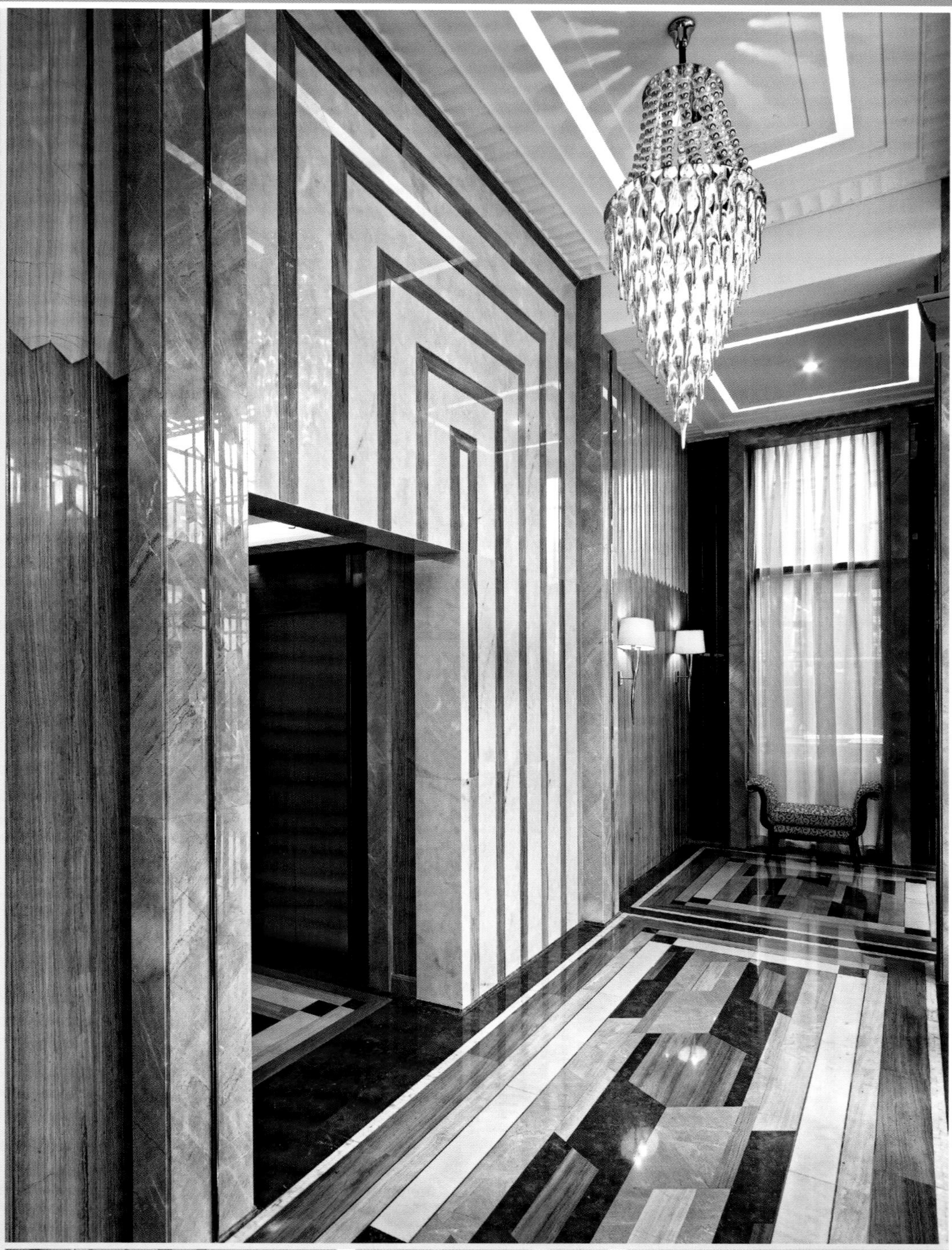

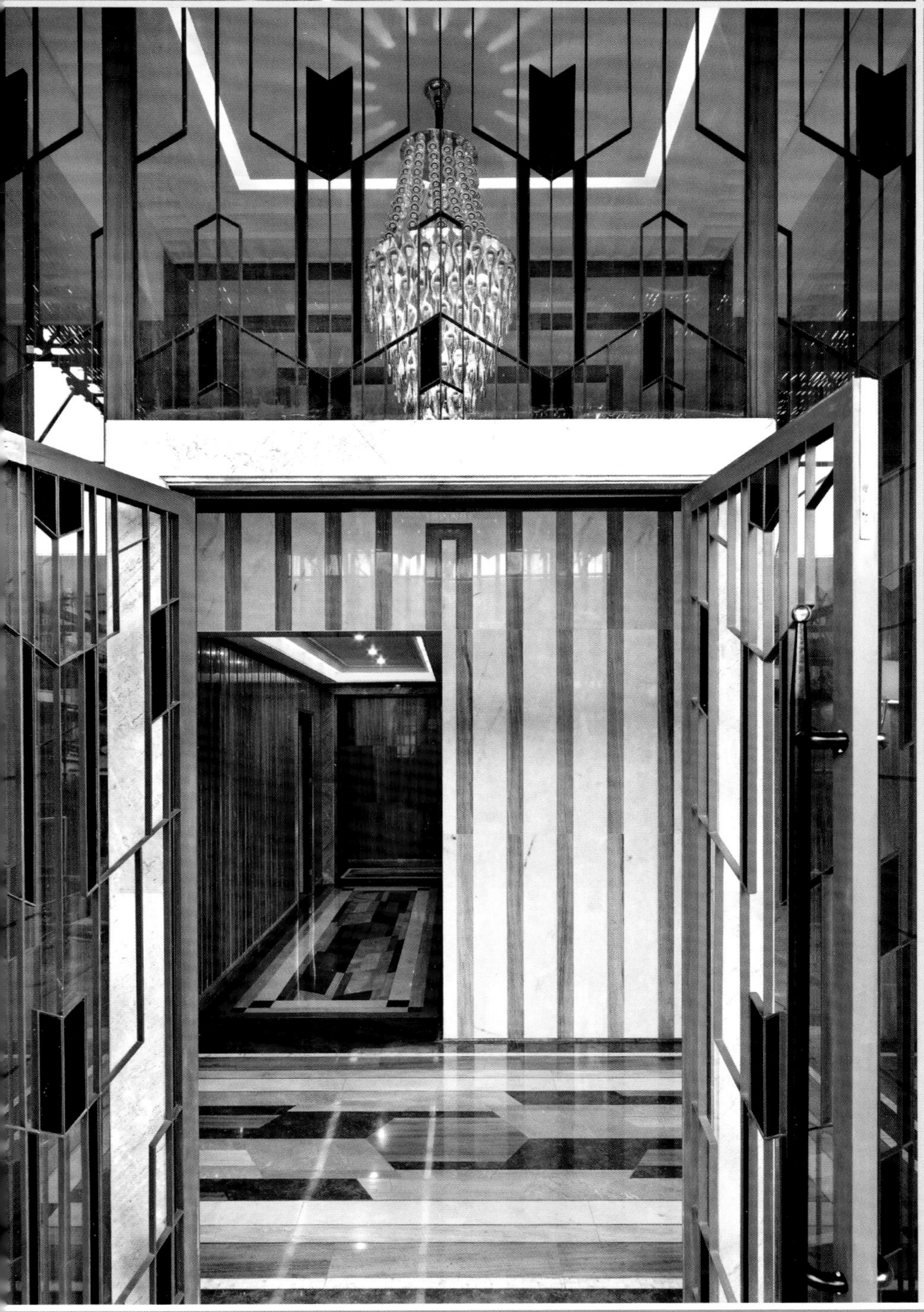

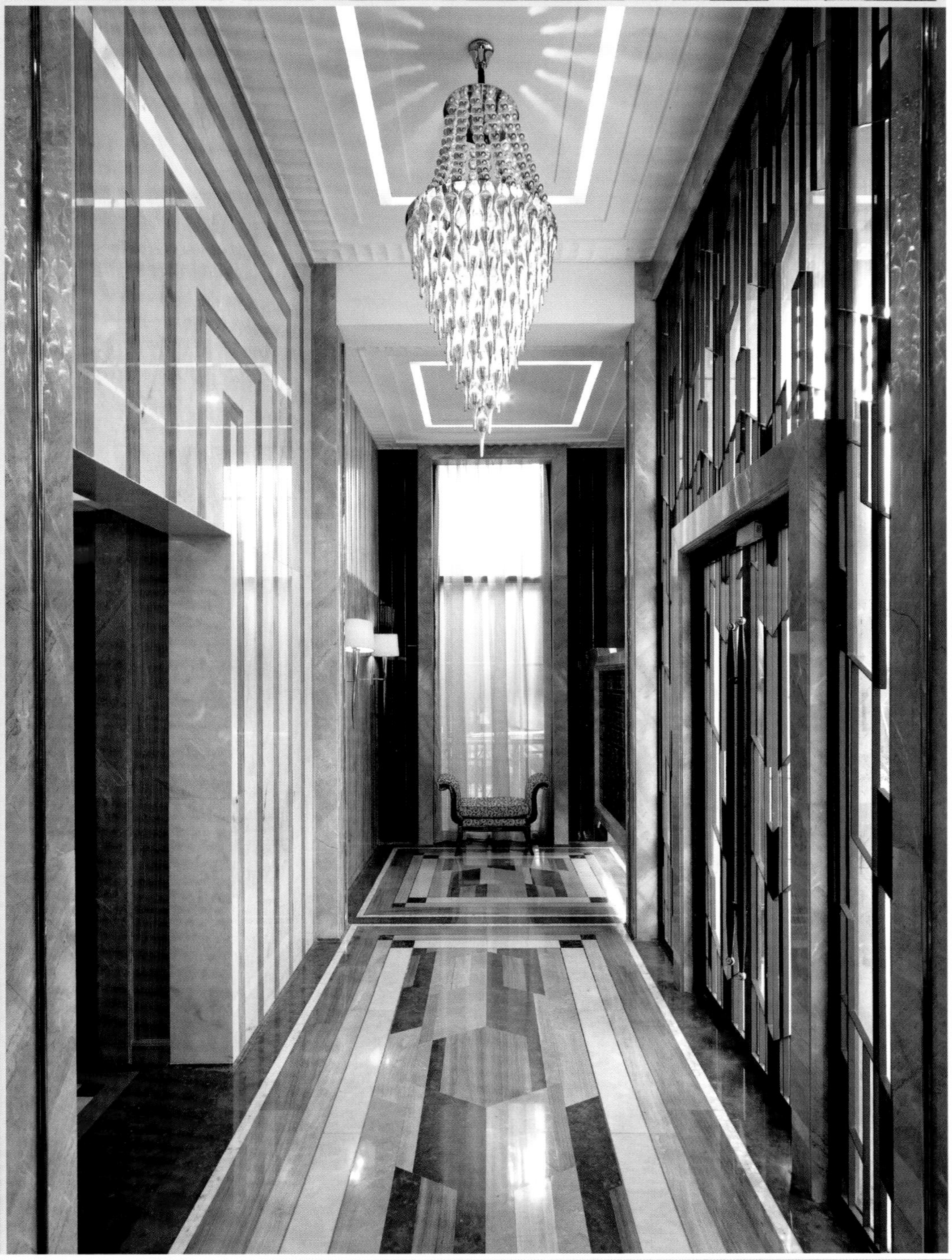

REPULSE BAY DE RICOU APARTMENT

浅水湾 de Ricou 公寓

设计公司：Davidclovers / 项目地址：中国香港 / 主要材料：GFRG 天花板、木材

本案是一个翻新项目，这对设计师来说是极大的挑战。设计师将石膏构件和橡木木材从地下一楼大堂延伸至空间的各个角落，使空间焕然一新。本案依托浅水湾这一独特的景观优势构建基础设施，大大改善了空间氛围。

本案最大的亮点在于在原来建筑的基础上再加工，却不漏痕迹而富有美感。入口大堂楼墙壁和天花板微妙地呈现剥离的效果并显露背后延伸发光的木材，充满视觉趣味；梯护栏采用加厚的透明玻璃，使空间通透、明亮；爬过楼梯并沿墙环绕着雕塑般的石膏天花板，形态不一。户外景色与室内造型完美融合。

豪宅档案

1. **区位优势**：紧临香港浅水湾路 109 号影湾园，拥有绝佳的山景和海景
2. **开发商**：香港上海大酒店有限公司
3. **规模**：13 520 平方米
4. **建筑特征**：以鸢尾花形的曲线性背景和弧形的空间布局为基础，线条清晰的石膏构件和色调柔和的橡木木材从地下一楼大堂延伸至空间的各个角落，通过重新规划塔楼的基础设施并改造围墙，建筑的空间感得以神奇的扩张
5. **建筑形式**：酒店式公寓
6. **容积率**：2.004
7. **景观特点**：可一览浅水湾海滩，包括水景和海滩游乐场等
8. **配套设施**：住客会所、按摩浴池、泳池、游乐场、壁球场、网球场

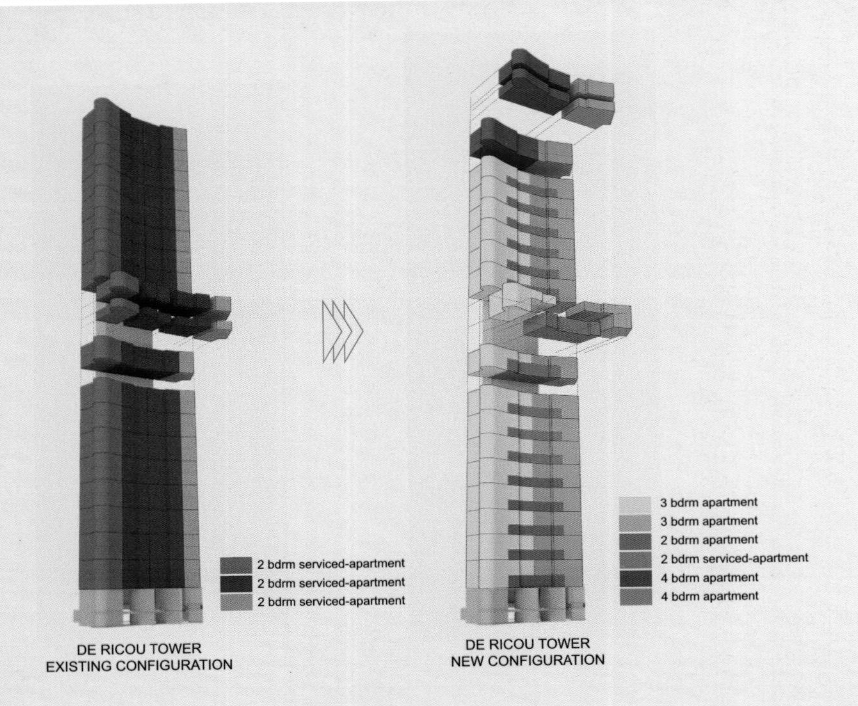
2 bdrm serviced-apartment
2 bdrm serviced-apartment
2 bdrm serviced-apartment
DE RICOU TOWER
EXISTING CONFIGURATION
3 bdrm apartment
3 bdrm apartment
2 bdrm apartment
2 bdrm serviced-apartment
4 bdrm apartment
4 bdrm apartment
DE RICOU TOWER
NEW CONFIGURATION

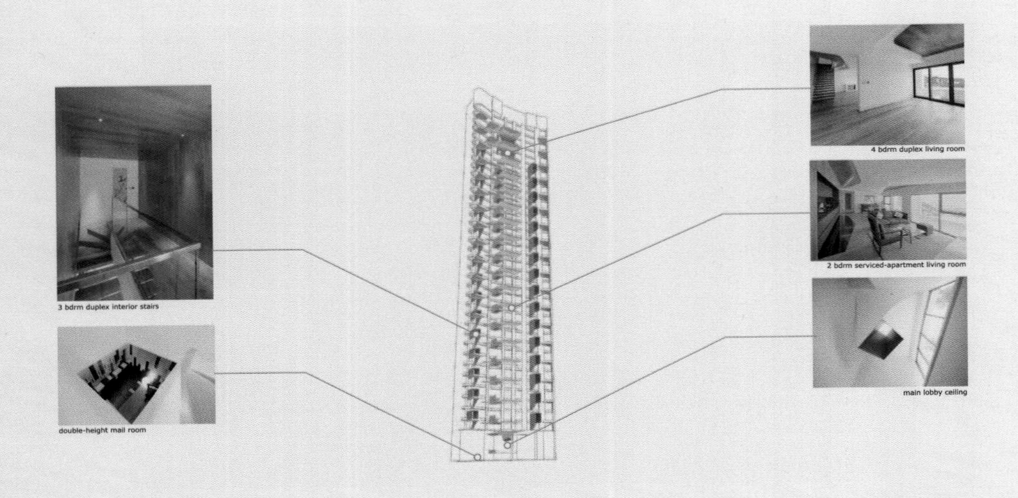
3 bdrm duplex interior stairs
double-height mail room
4 bdrm duplex living room
2 bdrm serviced-apartment living room
main lobby ceiling

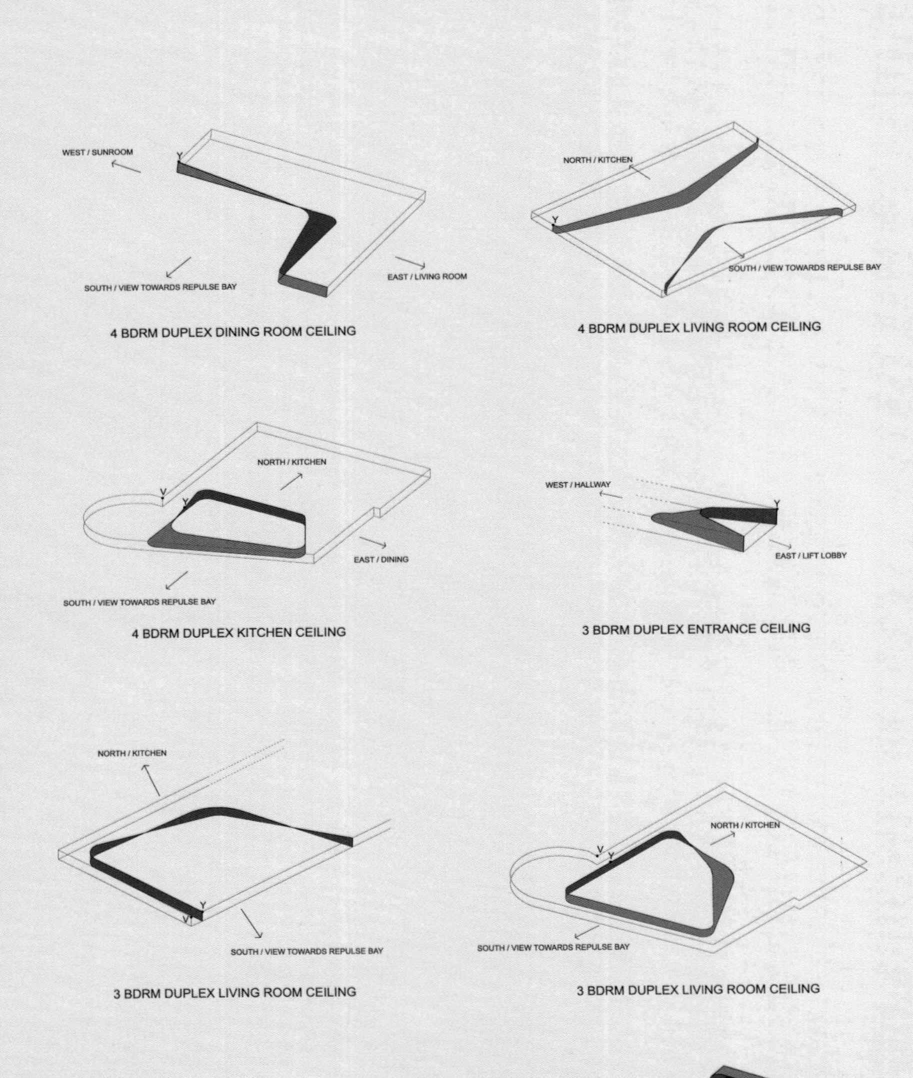
WEST / SUNROOM
SOUTH / VIEW TOWARDS REPULSE BAY
EAST / LIVING ROOM
4 BDRM DUPLEX DINING ROOM CEILING
NORTH / KITCHEN
SOUTH / VIEW TOWARDS REPULSE BAY
4 BDRM DUPLEX LIVING ROOM CEILING
NORTH / KITCHEN
EAST / DINING
SOUTH / VIEW TOWARDS REPULSE BAY
4 BDRM DUPLEX KITCHEN CEILING
WEST / HALLWAY
EAST / LIFT LOBBY
3 BDRM DUPLEX ENTRANCE CEILING
NORTH / KITCHEN
SOUTH / VIEW TOWARDS REPULSE BAY
3 BDRM DUPLEX LIVING ROOM CEILING
NORTH / KITCHEN
SOUTH / VIEW TOWARDS REPULSE BAY
3 BDRM DUPLEX LIVING ROOM CEILING
SOUTH / ENTRANCE
NORTH / LIFT LOBBY
MAIN LOBBY "CHANDELIER CEILING
WEST / ELEVATORS
EAST / ELEVATOR
MEZZANINE LIFT LOBBY CEILING

概念图 1

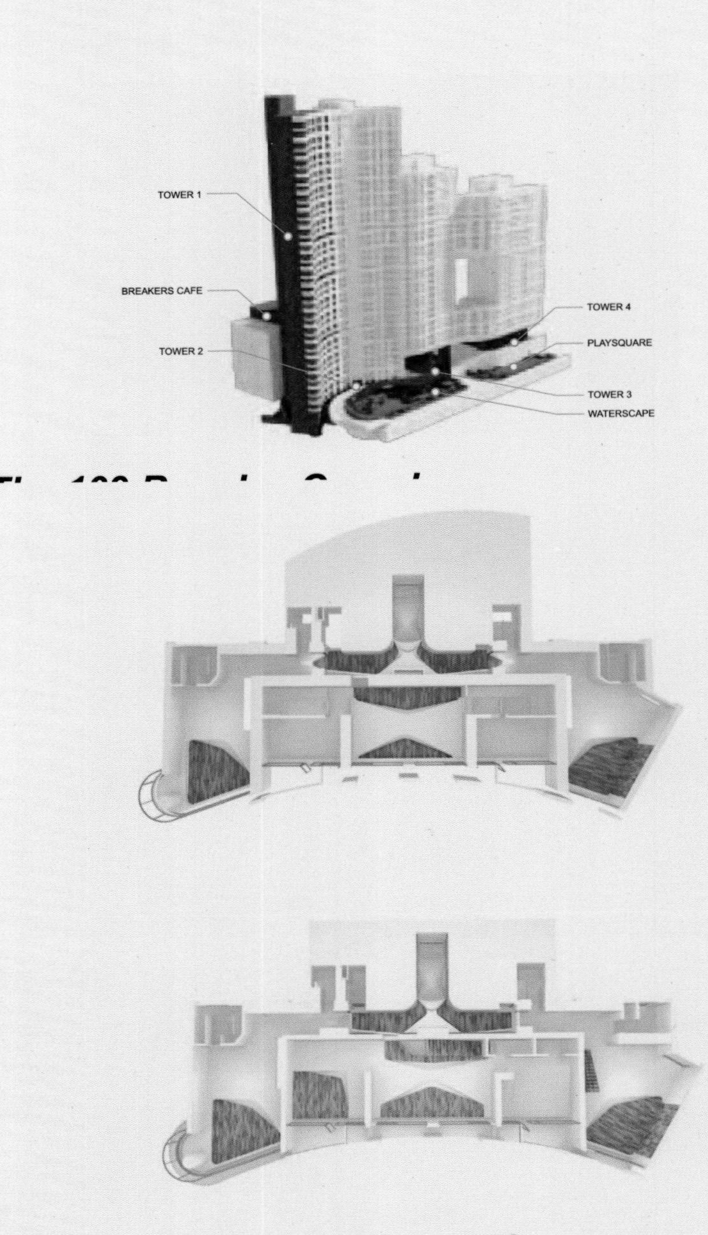
TOWER 1
BREAKERS CAFE
TOWER 2
TOWER 4
PLAYSQUARE
TOWER 3
WATERSCAPE

概念图 2

设计说明

设计团队兼顾了 de Ricou 塔楼既有的建筑特点和历史背景，并于2013年8月完成设计与翻新工作。设计以鸢尾花形的曲线性背景和弧形的空间布局为基础。线条明确的石膏构件和柔和色系的橡木木材从地下一楼大堂渗透至每个单位，使整个建筑物的特征全被改造。通过重新规划塔楼的基础设施、修改结构并改造围墙，设计团队创造性地扩展了大楼的空间感。整栋大楼容纳了49个单位和5种新的布局方式，并充分利用了浅水湾得天独厚的景观优势。

本案设计具有两大特点。其一，除了专注于墙身选材外，物料从墙面流畅地过渡至天花板和地板。每个空间的顶部再配以一系列用机器精准定制的天花板，使各个位置的六个面都被列入考虑之中。哑光实木地板跨过门，爬过楼梯并沿墙环绕着雕塑般的石膏天花板，形态不一，紧扣室内空间和户外园林。

此外，设计团队亦采纳了现有的结构厚度。照明和存储空间等被巧妙地掩藏，使其融入建筑结构中。此独特的设计被应用于电梯以及入口大堂。墙壁和天花板微妙地呈现剥离的效果并显露背后延伸发光的木材。这个效果在入口大堂里的“天洞”中格外明显，发光的木材好像撬开了天花板，卷曲地伸展到大堂。翻新的外墙（配置高性能的玻璃大窗架）、精心挑选的物料、可持续发展技术、高超的施工水平，使本案获得LEED Gold认证成为可能。

设计团队巧妙地将沿着影湾园四栋大楼平台延伸的公共空间串联起来。配套设施包括室外游泳池及更衣间、儿童游乐场、入口大堂、停车场大堂、咖啡厅、穿梭巴士站、保安亭和物业图像指示系统。

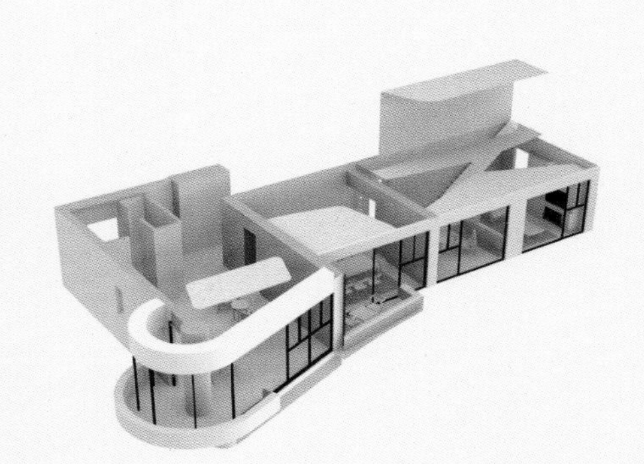

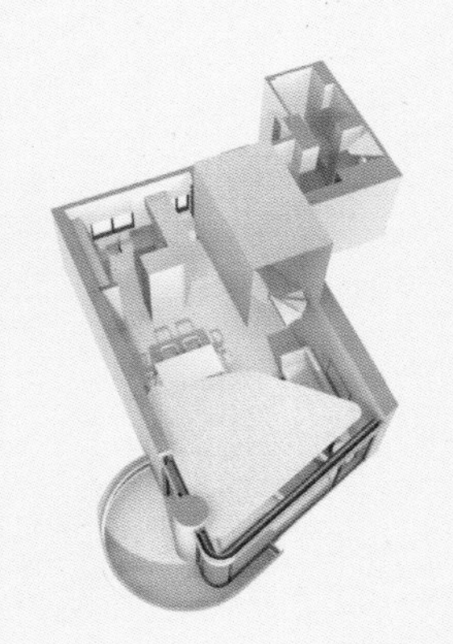

3D展示图

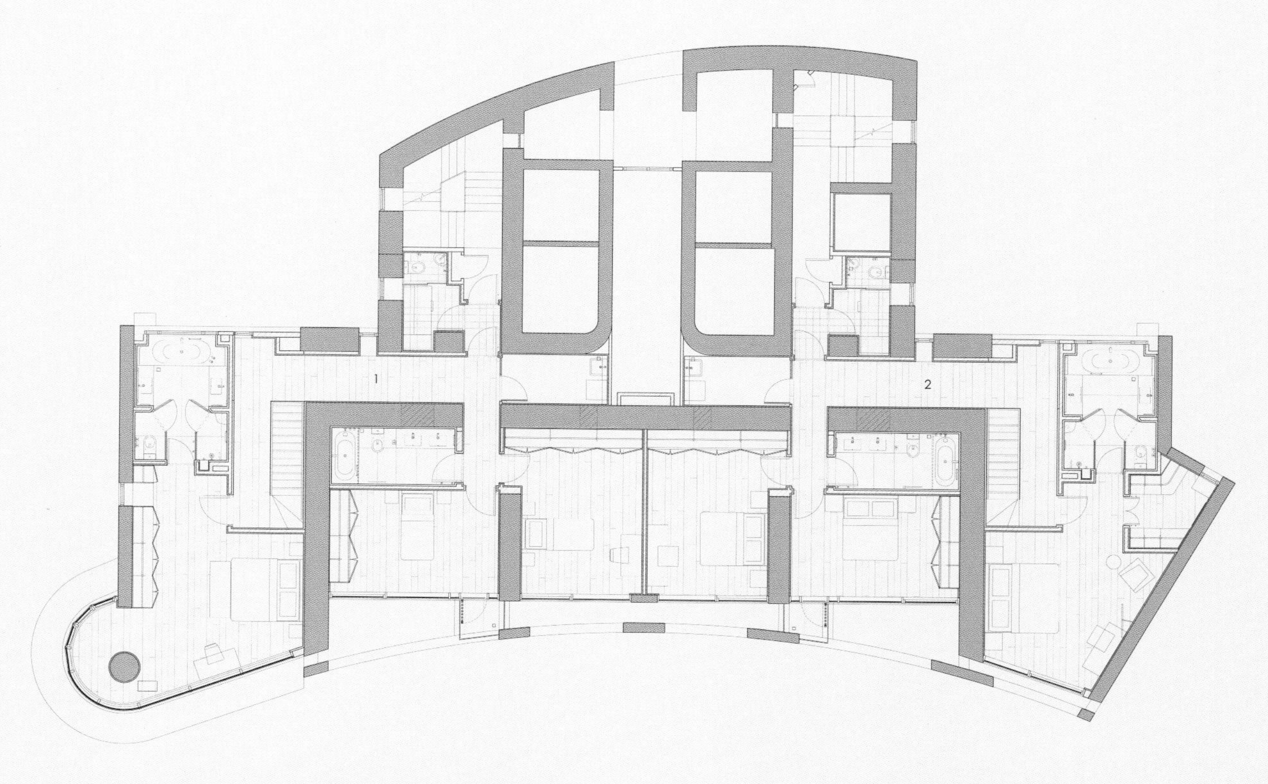

UPPER FLOOR LAYOUT PLAN

高层平面图

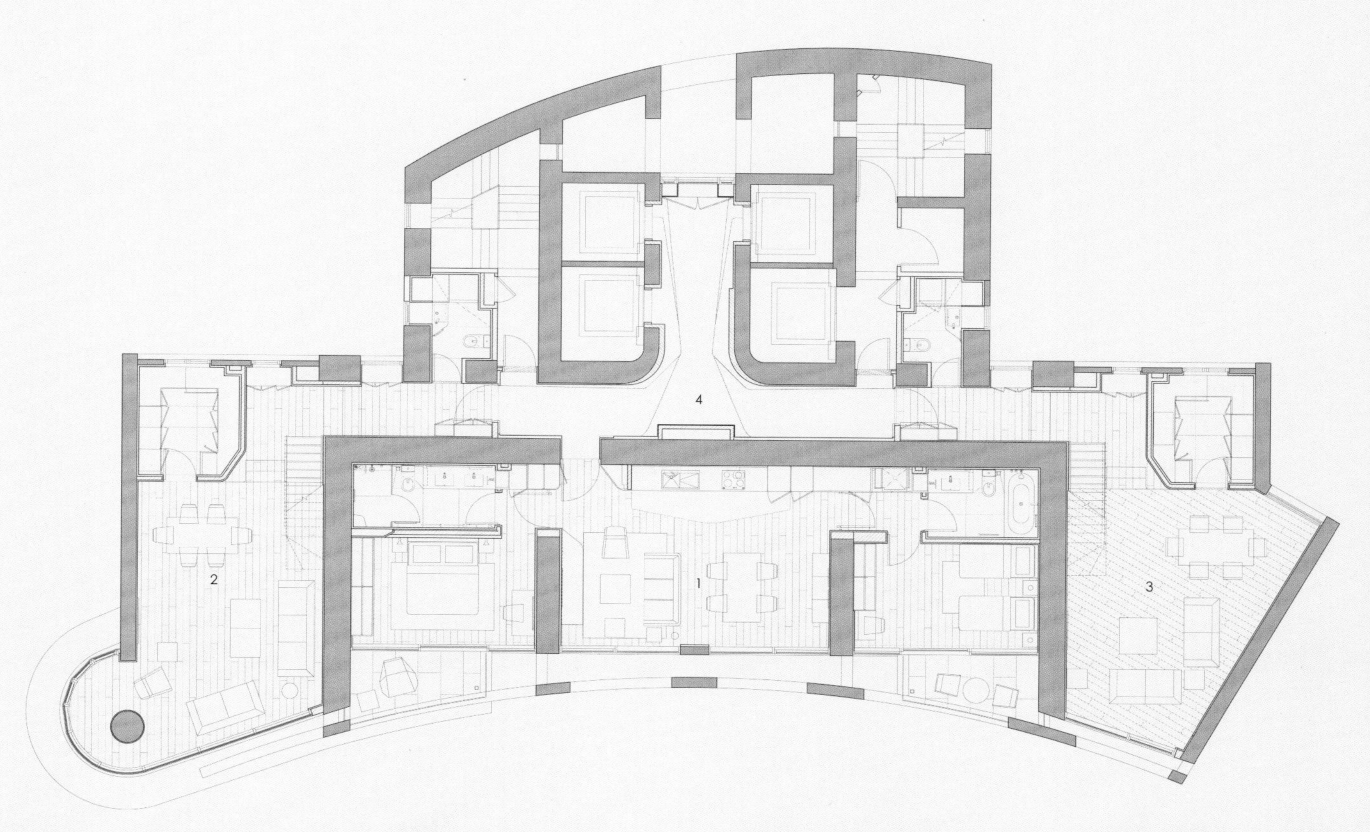

LOWER FLOOR LAYOUT PLAN

1 . 2 BDRM SERVICED APARTMENT
2 . 3 BDRM DUPLEX APARTMENT
3 . 3 BDRM DUPLEX APARTMENT
4 . LIFT LOBBY

低层平面图

de Ricou

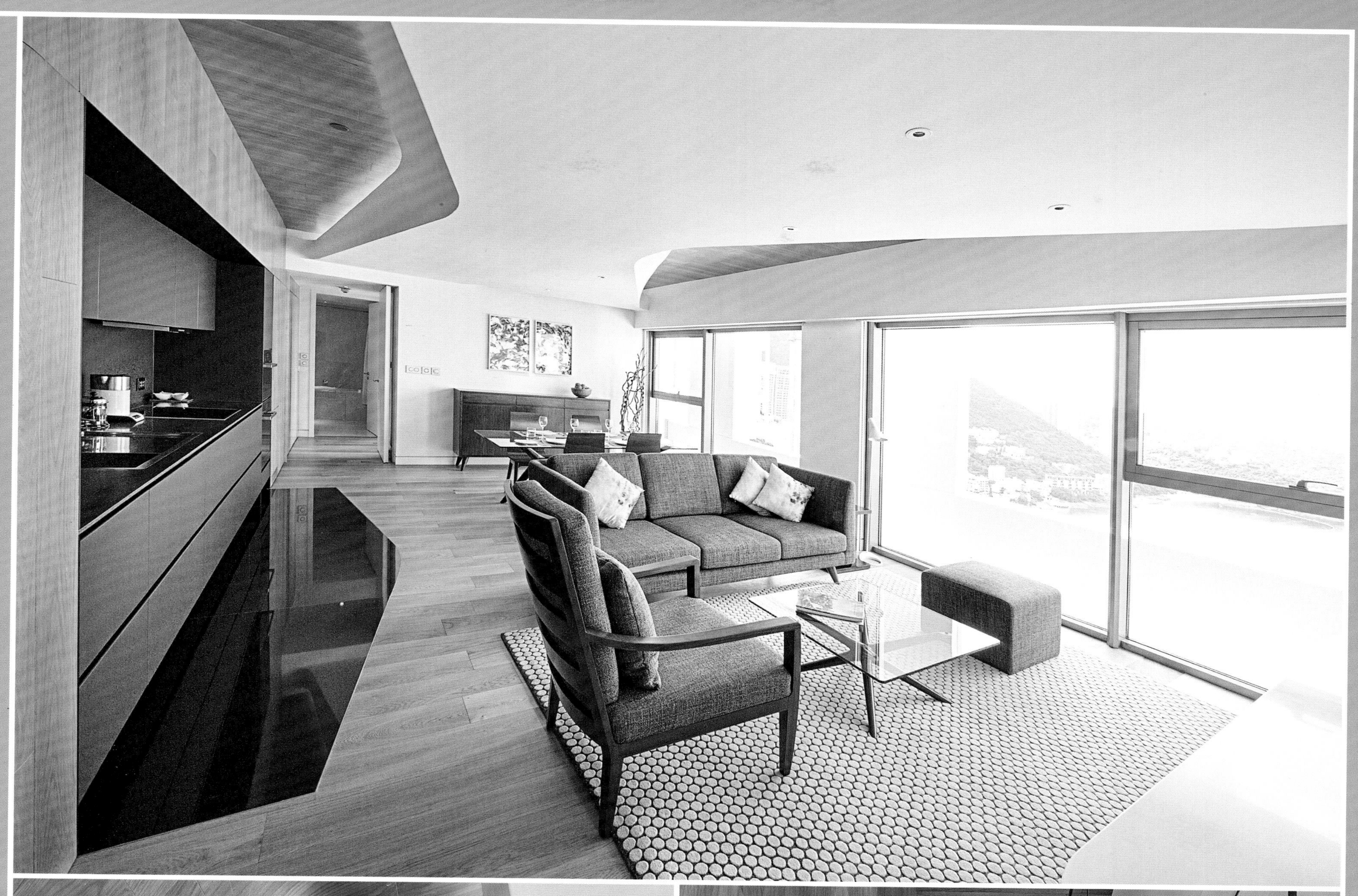

CLUB FOR GUOYANG TIANMU HOTEL APARTMENT

国扬天母酒店公寓会所

设计公司：暄品设计工程顾问有限公司／设计师：朱柏仰／项目地址：中国台湾省台中市
项目面积：1 736 平方米（其中室内 479 平方米，景观 1 257 平方米）
主要材料：铁件烤漆、天然实木、花岗石材、玻璃砖、塑木地板／摄影师：李国民

本案最大的亮点是实现了场景的流动。顺着室内大厅的楼梯拾级而上，静静地观赏以玻璃面板装饰的隔墙——空间通过玻璃的穿透和折射，交织出独特的空间性格，使室内和户外和谐互动，形成奇妙、律动的立体空间。

大堂外立面以玻璃砖装饰，形状不一、风格多样，一一铺成开来，好像一件件天然的艺术品，真可谓设计师的“巧夺天工”。

豪宅档案

1. **区位优势**：紧临芝山捷运，交通便利，周边景观优美，环境宜人
2. **单价**：71 000 元／平方米
3. **开发商**：国扬建设
4. **建筑形式**：集合住宅
5. **建筑特征**：将室内外资源加以整合，最大限度地延展空间，饰以极具艺术律动的线条，彰显独特的空间性格
6. **容积率**：3.13
7. **绿化率**：50.53%
8. **户型面积**：1 236 平方米
9. **景观特点**：将韵律十足的线条和独具匠心的建筑风格融入周边景观
10. **配套资源**：兰雅小学、兰雅中学、SOGO 百货公司、士东市场、忠诚公园

设计说明

本案坐落于台北市中山北路，忠诚路口，建筑面宽76米，对面是忠诚公园及忠诚路栾树大道。

配合建筑配置，设计师将约500平方米的室内公共设施及1 300平方米的户外景观进行序列性排布，依次为沿街入口及商店、公共艺术展区、入口门厅、与户外庭园形成自然过渡的独立会所、由长轴式半户外景观廊串联的住宅电梯厅。

本案以三度空间（室内和户外整合互动，平面整合剖面）的整体塑造为主轴，力求将律动十足的线条和独具匠心的建筑风格融入周边景观。

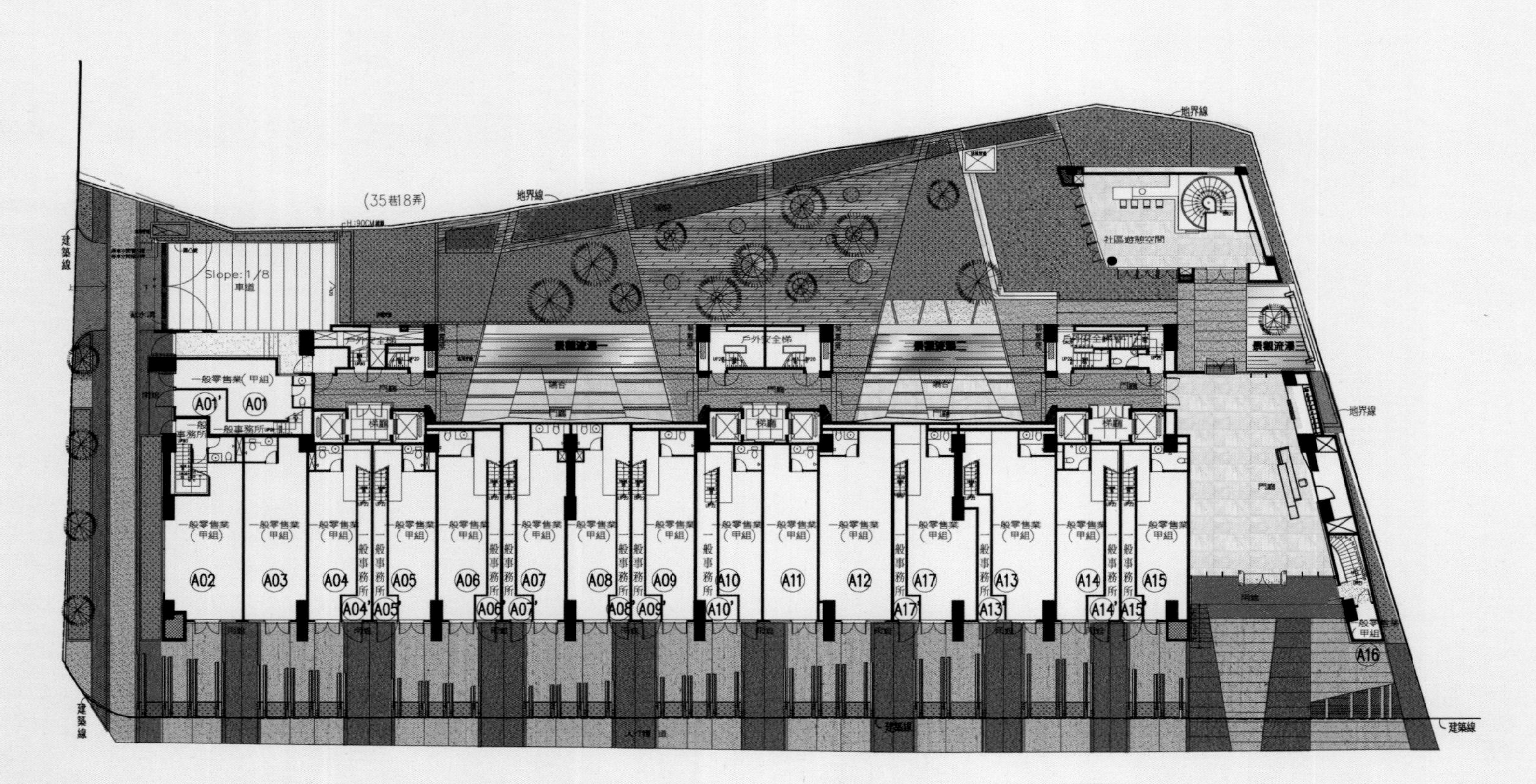

一层平面图配置图

ACKNOWLEDGEMENTS

鸣 谢

张清平

天坊室内计划有限公司负责人

逢甲大学室内景观学系现任讲师

获奖：

2010 年　中国台湾室内设计大奖 TID

2010 年　国际空间设计大奖 Idea-Tops Award

2011 年　国际空间设计大奖 Idea-Tops Award

程绍正韬

1995 年　成立真工室内建筑研究室

获奖：

2012 年　“都市优雅 S 宅”荣获中国台湾室内设计协会 TID 奖

2013 年　“自然之道程宅”荣获中国台湾室内设计协会 TID 金奖

2013 年　“北京 NOBLE House”入选《AD 杂志》中国 100 个最美建筑

2013 年　“荒山之歌”入选可丰堂水墨、雕塑展

大观·自成空间设计

大观·自成空间设计由旅居英国的设计师连自成先生和徐正容小姐主持成立，旨在追求高品质的室内设计和软装设计。大观·自成空间设计坚持用精准的设计线条贯穿空间，并且以创造性的设计理念革新既有的传统设计，为人称道。公司设计团队对各项目的流程如数家珍，能够为客户提供具有前瞻性且合理的创意方案。他们从西方的设计历史和经验中汲取精华，并将古典元素与现代设计手法相结合，从心理、感观、空间规划和配置方面展现具有奢华品位的现代豪宅。

公司本着“优质设计”的宗旨，从 2000 年成立至今，为客户提供兼具创意、美观、前瞻性的优质的设计服务，在五星级酒店、豪宅、会所、样板房、企业总部、商业空间等业态的设计方面都赢得了良好的口碑。

施佑霖

施佑霖毕业于实践设计管理学院，现任大块设计设计总监，在设计方面，有自己独特的感悟，她的设计不仅满足人对美的期待，还能够彰显积极向上的生活态度，正所谓“生活本应该是美学的日常表现”。

廖奕权

廖奕权是维斯林室内建筑设计有限公司创意及执行总监，设计硕士，毕业于澳大利亚新南韦尔斯大学，在多间知名的建筑设计事务所工作，于 2009 年创立维斯林室内建筑设计有限公司（P+P）。公司创办不久，便获得 20 多个国内外设计大奖，被誉为“设计界最年青的明日之星”。他对艺术及室内设计充满热诚，认为建筑及室内空间不单是一个生活之所，更是一个洗涤心灵、净化灵魂之地。他的设计不仅满足业主的生活需求，也为业主带来充分的视觉享受，美观且实用。

含奕设计工程有限公司

“洗条心灵，超越自我，纯真表现”正是公司一直努力恪守的原则。空间设计不是一个想象式恣意创作的舞台，而是一番契合使用者需求的情感呈现。整合的思维方式、敏锐的心灵洞察力、透彻的生活感悟、严谨的生活态度，成就了游刃有余的空间设计。在豁达与包容的气度下，空间设计当然恢宏、自由，精神与物质的融合历久弥新。

诺禾空间设计有限公司

“Noir(诺禾)” 在法语里代表“黑”，表达了对“简洁”与“深沉”的偏好，展现了设计的深度与质感，精准地传达了设计的内在精神。设计师是说书人，以设计诉说故事；设计师是魔术师，用设计打造独特的感受；设计师是偏执狂，谨慎地处理每个细节。

设计理念：我们设计体验，也请您体验设计。

苏静麒

苏静麒毕业于东海大学建筑研究所；2006 年成立清奇建筑室内设计研究所；2007 年至今，担任逢甲大学室景系讲师。他力求通过设计营造具有“存在感”的空间氛围；在其作品中，常以墙、阴影、反影、水、界面以及简单的几何图形营造宁静的空间氛围。

获奖：

2010 年　“莲园宽藏公共空间”获 TID（中国台湾室内设计大奖）公共空间类金奖

2011 年 “莲园宽藏公共空间”获 TDC（中国台湾国际创意设计大赛）金点设计奖

2011 年　“理和原风景公共空间”获 TID（中国台湾室内设计大奖）公共空间类 TID 奖

2012 年　“惠宇青云公共空间”获 TID（中国台湾室内设计大奖）公共空间类 TID 奖

2012 年　“新业博观公共空间”获 TID（中国台湾室内设计大奖）公共空间类金奖

2013 年　“莲园心悦公共空间”和“新业博观公共空间”获上海最成功设计奖

王胜正

王胜正毕业于逢甲大学建筑学系，于 1997 年成立十邑设计。

获奖：

2014 年　IDA 美国国际设计大奖——室内设计银奖（Oriental Lobby）；Design Award 意大利设计大奖——室内设计银奖（POMO Lounge）

2014 年　A Design Award 意大利设计大奖——建筑设计优秀奖（Mangrove Pavilion）

2014 年　上海金外滩奖——景观设计优秀奖（惠宇·宽心）

朱柏仰

朱柏仰 1990 年毕业于淡江大学建筑系；1992 至今，担任暄品设计工程顾问有限公司 / 太一室内装修设计工程有限公司项目负责人。

获奖：

2012-2013 年　第八届中国国际建筑装饰及设计博览会国际设计艺术成就奖

2014 年　美国《INTERIOR DESIGN 杂志》中文版主办的第九届金外滩奖最佳公共空间奖

2014 年　美国《INTERIOR DESIGN 杂志》中文版主办的第八届“大师选助手”活动入围

2014 年　第九届中国国际建筑装饰及设计艺术博览会系列大赛入围

韩松

深圳市昊泽空间设计有限公司总经理及设计总监

1997 年毕业于湖北美术学院环境艺术及室内设计系

主要作品：

万科深圳样板房设计——第五园、万科城、东方尊域、千林山居、金域东郡等

广州万科样板房设计——金域蓝湾、万科云山、大坦沙等

深圳万科天琴湾别墅样板房设计等

刘伟婷

刘伟婷女士于 2004 年创办刘伟婷设计师有限公司，后于 2007 年成立麦麦廊（提供专业配饰顾问及销售服务）。近年来，刘伟婷女士屡获多个设计奖项，当中最具代表性的是被誉为“设计界奥斯卡”的The Andrew Martin International Awards；她亦被评选为“全球著名室内设计师之一”，成为获此殊荣的首位亚洲女设计师。

朗联设计公司

朗联设计公司是一家以室内设计为核心，业务延伸至项目前期规划顾问、项目整体策划顾问的专业设计公司。公司推崇自然与人文美学，强调空间的细节处理，致力于中国传统文化与建筑空间的研究，并将此融入各类特色酒店与度假村的规划设计。公司拥有完善的项目控制管理与协作平台，以保证创意理念的贯彻实施，从而达到最佳的设计效果。

广州华地组环境艺术设计有限公司

华地创立于 1999 年，其以简约的设计手法诠释空间并赋予其灵魂，在东方与西方、传统与现代中寻求融合与突破，以实现人与自然的和谐为目标。公司致力于提供高品质的室内设计专业服务，项目涵盖办公、酒店、会所、住宅、样板间、销售中心，以及公共空间设计等领域。公司一直以来专注优质设计，提供优良服务，表现卓然。第一个十年，坚持；第二个十年，仍将继续。

吴文粒

深圳市盘石室内设计有限公司董事长、设计总监

获奖：

2012 年　“沈阳东方银座中心会所”最佳设计方案金奖

2012 年　大中华区 2012 年度十佳会所设计师

2013 年　最佳室内设计师

北京清石建筑设计咨询有限公司

清石是一个专注于高端精品酒店、会所设计的综合性建筑及室内设计公司，公司拥有多名注册建筑师、高级室内建筑师、注册照明设计师、注册造价师、资深软装设计师。服务内容包括：科技园区、高端酒店、办公的建筑方案设计及室内设计（包括机电设计）、专项照明设计、软装设计等，尤其擅长建筑与室内一体化设计及改造项目，有着近 10 年的丰富经验。清石一直致力于将建筑、室内、照明、机电、软装等进行专业化的无缝结合，保证最佳的设计品质，创造最高的设计价值，为业主提供最优质的服务。

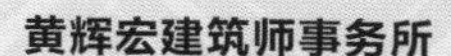

黄辉宏建筑师事务所

黄辉宏建筑师事务所成立于 1993 年，至今已逾 20 年。始终践行创新的建筑设计理念，并与国际建筑团队合作，以国际化的经营理念，打造丰富、多元且具国际专业品质的创意作品，以现代建筑的简约风格美学营造哲学意境丰富的建筑空间、场所与都市环境，在城市住宅及大型国际度假旅馆、温泉旅馆、会馆规划设计方面，展现对创作的高度热情与对专业的坚持，引领台湾当代建筑风潮。一直以来，作品多以高级集合住宅与度假旅馆为主，尤其是温泉会馆；在集合住宅规划设计方面摆脱传统的思维模式，不断创新，成绩卓然。

彩韵室内设计有限公司

彩韵室内设计有限公司创立于 1996 年，至今已约 20 年，拥有丰富的设计经验。公司认为，空间之美因人而异、因地制宜；然而，如何为业主打造最佳的空间设计，凝聚美的最大公约数，则是设计师的基本使命。为践行这一经营理念，设计总监吴金凤总是不断求新求变。设计团队保持一贯严谨的服务态度，将空间质感与生活美学相结合，并将多年累积的视野及深度转化为充满生命力的设计能量，持续地激发创新思维与设计热情，努力培养出一群坚守设计质量且勇于突破创新的业务骨干，在市场的严格考验下提交令业主满意的答卷。

孟思设计有限公司

孟思设计有限公司累积有 19 年丰富的设计经验并以中国香港为基地，以广阔的国际视野为业主提供宝贵的意见。公司把握内地不断改革开放的机遇，自强不息，积极扩展。一直以来，公司不断探索，认真处理每一个案子，力求在每一个机会中找出崭新的视角，为的不只是设计效果，而是要向现实的惯例提出辩证，通过科学性的判断推算出设计领域中的可能性。这些“可能性”都是有理论依据的，在人们已经失去了对发掘与等待的耐性的当下，在横行的套路扼杀了无数创意的时代，一个小火花可以燃起种种“可能性”。这样，或者可以推翻那些“遵循”的惯性思维，从而让社会再次相信“可能性”是存在的。

廖韦强

廖韦强毕业于东海大学，曾就读于英国设计学院伯明翰建筑及艺术研究所，硕士课程为 Fashion&Luxury Brand Management ，是美国家具及装置设计师，IQ 唐林室内 + 亦果建筑事务所设计总监。

2010 年　TAIWAN TOP 顶尖室内设计奖
2011 年　TAIWAN TOP 顶尖室内设计奖
2011 年　设计大奖 单层住宅奖
2012 年　设计大奖 复层住宅奖
2012 年　设计大奖 商业空间奖
2012 年　设计大奖 办公空间入围
2013 年　设计大奖 单层住宅奖

杨佴

杨佴先生是杨佴环境艺术设计有限公司创办人及首席设计师，深圳室内设计师协会常务理事，从事设计工作近 20 年，2005 年创立杨佴环境艺术设计有限公司。杨佴先生在空间定义方面有独到的见解和认识。他认为，空间是有生命的，不是物理意义的，也就是说，空间像人一样，也要有神与情，要注入与人有关的情节，如文化、本土人情等。作品不能脱离生活，要踏实，有内涵，有价值。除此之外，好的作品，要运用设计元素制造矛盾、撞击，使作品富有生命。

获奖：

2012 年 “万达汉街文华书城”荣获中国室内设计学会奖
2013 年 荣获第八届中国国际建筑装饰设计博览会大奖
2012-2013 年 “拱北文华书城”荣获国际环艺创新设计作品大赛商业空间方案二等奖；荣获第八届中外酒店白金奖“十大白金设计师”称号
2013 年 “广州越秀山中恒源博物馆”荣获第十六届中国室内设计大奖赛学会奖

HBA

作为“世界第一酒店设计公司”（室内设计领域）及有史以来六项大奖（2010 年度酒店设计大奖）的获得者，HBA/Hirsch Bedner Associates 专注于打造全球最令人瞩目的酒店、度假村和水疗中心。自 1964 年以来，HBA 一直充当着酒店设计行业风向标的角色。时至今日，其独到创新的设计理念和过硬的专业能力仍主导着酒店设计行业的发展趋势。

Davidclovers 建筑设计事务所

Davidclovers 建筑设计事务所由 David Erdman 和 Clover Lee 于 2007 年创立，其在住宅设计和施工、室内和展会设计方面拥有长达 15 年的丰富经验。作为立足于美国的学者和实践者，其项目强调建筑体量和材质特效。2009 年，Davidclovers 迁移至中国香港，其在这里完成了超过 10 个项目，其中包括一个拥有 49 个住宅单元的建筑大楼改造工程和浅水湾香港上海酒店综合体建筑工程。David 和 Clover 做过许多讲座，并且在亚洲、欧洲和美国的许多建筑杂志、报纸和书籍上发表过论文。其作品获得过很多国际大奖，在很多知名的艺术展会上展出，包括威尼斯、北京和韩国双年展。Lunar House 的原型入选 2013 年 M+ 建筑收藏品，这是香港乃至亚洲地区首次入选的建筑收藏品。

DWP | Architecture + Interior Design

DWP|Architecture + Interior Design 成立于 1994 年，为一家荣获多个奖项的一站式综合设计服务公司，其业务遍布全球各地。即使业主在世界上最偏僻的地方， 其也能够以国际最高标准为准则，通过 450 余名具有多国文化背景的专家的通力协作，竭诚为业主提供各类技术方案，包括建筑设计、室内装饰总体规划、F + B 概念、视听以及照明配置。公司业务分为 4 个截然不同的板块，即生活时尚、社区、工业与基建。其由遍布世界各地的工作室组成，各工作室共同推动公司的业务发展。公司以其专业的素质和专注的态度打造高品质的项目，并以其多元化、灵活性以及创造力向全世界展现其标识性的设计作品。

特别感谢以上设计师与设计公司的一贯支持，并为本书提供优秀的作品。

如有任何疑问或建议，请联系：2823465901@qq.com
QQ：2823465901
www.hkaspress.com